3 中华科技史话
少年版

ZHONGHUA KEJI SHIHUA
SHAONIAN BAN

 汉代

纸上汉字丝绸路

HANDAI ZHISHANG HANZI SICHOULU

方国荣◎主编

安徽师范大学出版社
·芜湖·

图书在版编目（ＣＩＰ）数据

中华科技史话:少年版.3,汉代:纸上汉字丝绸路/
方国荣主编.—芜湖:安徽师范大学出版社,2014.12（2018.5重印）
ISBN 978-7-5676-1578-6

Ⅰ.①中…Ⅱ.①方…Ⅲ.①科学技术－技术史－中
国－汉代－少年读物Ⅳ.①N092-49

中国版本图书馆CIP数据核字(2014)第229772号

中华科技史话:少年版.3, 汉代:纸上汉字丝绸路

方国荣　主编

责任编辑:吴毛顺
装帧设计:任　彤
出版发行:安徽师范大学出版社
　　　　　芜湖市九华南路189号安徽师范大学花津校区

网　　　址:http://www.ahnupress.com/
发 行 部:0553-3883578　5910327　5910310（传真）
印　　刷:三河市南阳印刷有限公司
印　　次:2018年5月第3次印刷
规　　格:787mm×960mm　1/16
印　　张:12.75
字　　数:204千
书　　号:ISBN 978-7-5676-1578-6
定　　价:46.00元

如发现印装质量问题,影响阅读,请与发行部联系调换。

策　　划：汪鹏生
主　　编：方国荣
科技顾问：许　望
撰　　稿：方角圆　李海燕　高　山　陈宁璧　达英骎　董志涌
　　　　　福田忍　柳坤　易　丰　周良国　张秋月　许　兰

插　　图：心客　何菲　苏敏　刘　星　季立伟　笪贞子
　　　　　叶宏　杨建勇　章扬　庄艺文

卷　目

◎开卷图话◎

五千年坐标系上，两汉继承春秋战国和秦以来的成就，开拓了辉煌的千年第三浪，经隋唐两宋，延续千年之世界高峰……

这是启迪少年朋友思维纵深的通俗读物，不数家珍"先前阔"，只期待给你带来创造力启迪和科技以外的睿思。

本书通过生动有趣的史话故事，描述了汉代上百位发明人物的创新精神，你会看到，中华科技的进步和中华文化息息相关。本书以"互动"方式与你共同探讨：用怎样的眼光去"发现"万事万物奥秘，以怎样的中国智慧去探知未知世界，以启发你的"中国梦"之想象力和创造力。

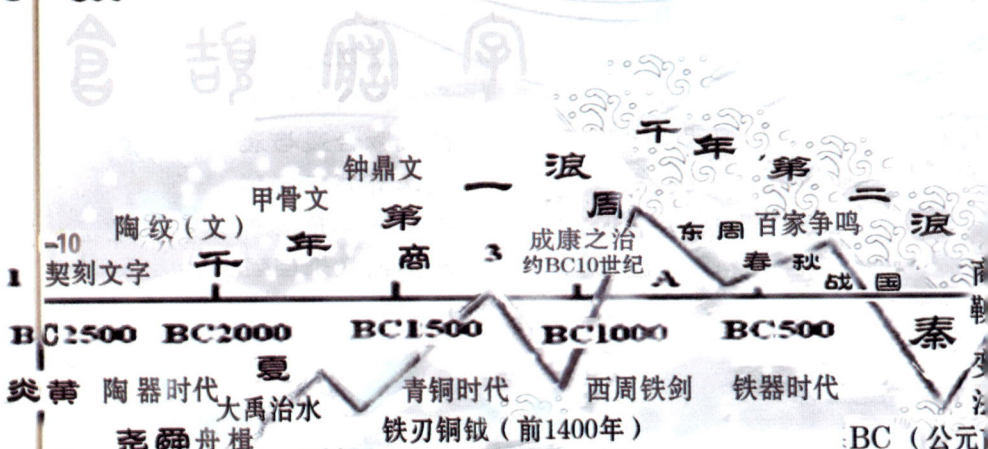

　　在信息爆炸的今天，回看今日少年中国，正处在中华文明大潮"千年第五浪"上升通道新起点，这与两汉在公元前后登上世界最高峰历史机遇非常相似。

　　为中国少年之明天，你我纵向传承民族历史精华，横向学习西方先进科技及管理科学，在世界历史新机遇中激扬点点浪花，"知故出新，创梦未来"，在21世纪再现中华民族新辉煌！

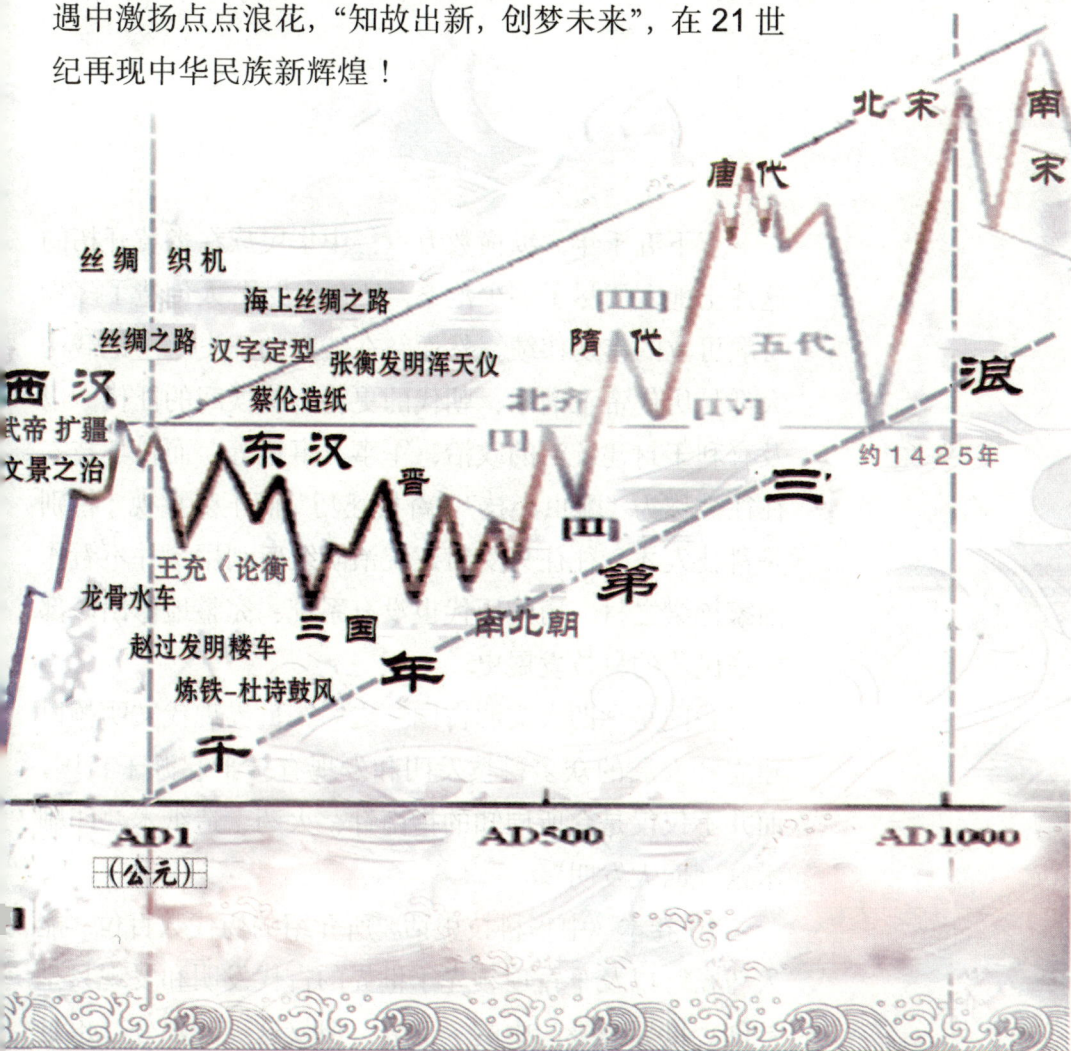

北宋　南宋

唐代

丝绸　织机

海上丝绸之路

丝绸之路　汉字定型　张衡发明浑天仪　隋代　五代

蔡伦造纸

西汉　北齐　浪

武帝 扩疆　[III]

文景之治　东汉　晋　[IV]　约1425年

王充《论衡》　[II]

龙骨水车　三　[II]　三

赵过发明楼车　国　南北朝　第

炼铁-杜诗鼓风　年

千

AD1　AD500　AD1000

（公元）

◎ 前 言 ◎

为有创新通古今

　　上下五千年，纵横数万里，中华民族在炎黄开拓的这片土地上历尽了多少沧桑，又有多少代人创造了多少可歌可泣的丰功伟绩。然而，在浩瀚的正史上，记载的大都是历代帝王谱系、朝代的更替、诸侯间的征伐，以及有利于封建统治的政治、军事大事记等。而科学技术往往被称为"雕虫小技""奇技淫巧"而不受重视；特别是科技人才，往往只受封建统治阶级所利用，并不看作国家栋梁之材。历朝历代也没有系统、完整地修出一部中华民族的科技发展史。

　　我国是"四大文明古国"之一。世界现代文明赖以建立和发展的众多科技发明和发现有多半起源于我国，而并不仅仅是众所周知的指南针、火药、造纸术、印刷术这"四大发明"。

　　10 卷本《中华科技史话》所介绍的历代数百位"能人巧匠"，以及千百项领先于世界的古代发明和发现只是首创"世界纪录"中的一部分，但仅这"一部分"也足以表明中华民族对整个人类文明的进步作出了巨大的贡献。

这些贡献几乎涉及所有科技领域：从农技、畜牧、养殖到陶瓷、冶炼、纺织等传统工艺；从造纸到印刷术；从火药到多级火箭；还有造船、航海……从学科上来讲，包括了数学、物理、化学、天文、地理、生物、医药、军事等众多学科。

我国古代的发明和发现，经由各种途径先后传入欧洲，对欧洲社会发展和近代世界文明产生了极为深远的影响。指南针和多桅船传入欧洲后，带来了哥伦布的航海大发现；造纸术和印刷术传入欧洲后，书面的文化传播促进了欧洲的"文艺复兴"；农业技术和手工业技术传入欧洲后，欧洲率先开始了近代工业革命……

本丛书在通俗介绍中国古代五千年来的科技、工艺和物质文明发展简要历史的同时，更注重推崇古代科学家和"能人巧匠"大胆探索、挚爱科学、尊重实践、刻苦钻研等优秀品质。

天才是地上炼成的——成功的机遇各有不同，但积极向上、战胜困难和挫折所需要的那种精神力量则是相同的。任何"名人"在没有成功之前都是凡人，都会遇到一切凡人所会遇到的那种"失败的烦恼"。从这个意义上来讲，本丛书力求揭开"天才"成长的神秘面纱，找出"平凡中的伟大"，使青少年在阅读认知中缩短与名人、伟人、"天才"的距离感，增强亲切感和认同感。

在悠久的历史长河中，中国有千余年走在世界的前列，近代300年来的落后和当代30多年的现代化进程，让21世纪主人的你，在学习欧美先进科技文化的同时，继承中华五千年文明的精华，以横贯中西，

两汉强盛数风流，巧夺天工百科兴，中华文明传承久，为有创新通古今。

从"中国制造"升华到"中国创造"。

在信息爆炸的移动互联时代，情商比智商重要；能力比知识有用。

本丛书通过不同时代的杰出人物故事，描述了杰出人物对当代少年儿童成长的启示作用，从广阔视野特别从青少年非智力素质的成长着手，使少年朋友用积极入世的态度去把握人生，争取实现"我的中国梦"。

本丛书对关心少年儿童成长的家长、亲友、老师等也许有用：丛书在体例设置中，边栏上还带有二维码网址的"分析评点""名人名言""开心百科"等"纸网互动"，在解读历史的同时，更提倡少年朋友与同学或家人之间的互相测试、讨论，强调阅读的主动性和互动性，从"纸网互动"中得到有益的启迪。

方国荣

2016 年 1 月于南京

目　录

☆百科传奇☆

☆ 农 耕 天 下 ☆

☆ 丝 绸 之 路 ☆

☆ 纸 上 汉 字 ☆

☆ 建 筑 艺 术 ☆

☆ 天 文 数 理 ☆

☆ 升 华 自 然 ☆

百科传奇

　　中华民族屹立于世界民族之林，声威远扬域外，最早就是在两汉时期；中华民族主要成员——汉族，就在这一时期形成。"汉人""汉子""好汉""男子汉"等称谓，都源于这一时期。

　　汉人精神风貌的特点是富有朝气、蓬勃向上。汉人喜言大志，表现出强烈的进取心……

　　汉字在这一时期定型，以汉字为载体的中华文化博大精深，海纳百川，影响和融合周边，数千年来延续至今……

汉代辉煌的科技文化

在史学方面，司马迁的《史记》是中国第一部纪传体通史，也是二十四史中的第一部，为以后两千年正史的编纂提供了规范。班固所编写的《汉书》体例仿效《史记》，还开创了刑法、五行、地理、天文、艺文四志和《百官公卿表》。《汉书》是中国历史上第一部内容完整的断代史，更是成为了以后历代王朝撰写本朝历史的范本。很多西方学者认为，汉代作家所开创的史学标准，直到18世纪都一直领先于世界。

汉代在立国时用无为而治之法，文景时期，又以道家黄老思想为主，并辅以儒家和法家思想为法制指导思想，不仅强调无为，还注重礼与德的作用，既承认法律的重要性，又坚持约法省简，意在安民。而从汉武帝之后，统治者确立儒家思想为正统思想，并辅之以法家思想为法制指导思想，其中心是"德主刑辅"，即先用德礼教化，教化无效再施之以刑罚。这种刚柔相济的治国之道，成为汉武大帝以后汉王朝法制的指导思想。这一思想对后世历代王朝的立法影响很大。

秦始皇焚书坑儒所毁坏的很多文献书籍，通过汉代学者的不懈努力和发掘记录得以重现，包括五经当中的古文尚书，也是这时候发掘整理出来的。汉武帝采纳董仲舒、公孙弘等的意见"罢黜百家，独尊儒术"后，经学成为学术主流。由于不同学者对经书的理解与记忆都有偏差，学术被分为不同流派。宣帝时期，在太学中立学官的，《易》有三家，《书》有三家，《诗》有三家，《礼》有一家，《春秋》有两家，共十二博士。东汉初年，增加到十四博士。到东汉晚期，古文经学走向发达，今文经学日益衰微。

汉政府设立乐府，搜集民间诗歌，即为乐府诗，长篇叙事诗《孔雀东南飞》也是写成于汉代末年。赋是一种新的文学体裁，司马相如的《子虚赋》《上林赋》，张衡的《二京赋》等均为千古传颂的文学名篇。

汉代时期，隶书渐渐取代小篆成为主要书写字体，奠定了现代汉字字形结构的基础，成为古今文字的分水岭。这一时期，还出现了标点符号的雏形。

在科技方面，西汉时期已经开始使用的丝絮和麻造纸是纸的远祖，而东汉时的蔡伦改进了造纸术，形成了现代意义上的纸。造纸术成为中国的四大发明之一。

西汉的落下闳等人制定的《太初历》第一次将二十四节气订入历法。东汉张衡制成了世界上第一台能够测定地震方位的候风地动仪。

东汉的张仲景因《伤寒杂病论》而被尊为中华"医圣"、中医之祖，而史书记载华佗更是世界上最早采用全身麻醉的医生（其真实性受到现代学者陈寅恪等质疑）。此外，血液循环也是首先在此时发现。

前1世纪的《周髀算经》及东汉初年的《九章算术》则是数学领域的杰作。其中，《九章算术》是对战国、秦、汉古代社会创立并巩固时期数学发展的总结，列有分数四则运算、今有术（西方称三率法）、开平方与开立方（包括二次方程数值解法）、盈不足术（西方

称双设法)、各种面积和体积公式、线性方程组解法、正负数运算的加减法则、勾股形解法（特别是勾股定理和求勾股数的方法）等筹算方法，形成了一个以筹算为中心、与古希腊数学完全不同的独立体系。

汉代也是中国最早发明瓷器烧造的时代。这个时期还发明了蒸馏法、水力磨坊、现代马轭和肚带的原型、漆器、用于冶金的往复式活塞风箱，以及出现于汉末的独轮车、水车和吊桥。

造船已经采用了防水隔舱、多重桅和船尾柱舵，并且开始使用罗盘。

两汉时期，中国的冶炼技术也有长足的发展和进步，铸钱技术成熟，如三铢钱、五铢钱等。

彩绘工艺独特，如马王堆所出土的帛书彩绘；各种生活用品齐全，如有"汉代魔镜"之称的铜镜；煮盐技术也不断提高；两汉出现了蒸馏酒，酿酒水平臻于完美；农业技术大幅度提高，东汉早期出现了水排等新式灌溉工具。

汉朝也是中国宗教的勃兴期。佛教在汉明帝时期传入中国，白马寺是中国第一间佛寺。道教也是在东汉时期宣告形成的。

在此时期中国饮食文化的对外传播加快了。据《史记》《汉书》等记载，西汉张骞出使西域时，就通过丝绸之路同中亚各国开展了经济和文化的交流活动。张骞等人除了从西域引进了胡瓜、胡桃、胡荽、胡麻、胡萝卜、石榴等物产外，也把中原的桃、李、杏、梨、姜、茶叶等物产以及饮食文化传到了西域。

今天在原西域地区的汉墓出土文物中，就有来自中原的木制筷子。我国传统烧烤技术中有一种啖炙法，也很早通过丝绸之路传到了中亚和西亚，最终在当地形成了人们喜欢吃的烤羊肉串。

比西北丝绸之路还要早一些的西南丝绸之路，北起西南重镇成都，途经云南到达缅甸和印度。这条丝绸之路在汉代同样发挥着对外传播科技文化的作用。例如，东汉建武年间，汉光武帝刘秀派伏波将军马援南征，到达交趾（今越南）一带。当时，大批的汉朝官兵在交趾等地筑城居住，将中国农历五月初五端午节吃粽子等饮食文化带到了交趾等地。所以，至今越南和东南亚各国仍然保留着吃粽子的习俗。

同一时期，中国人卫满曾一度在朝鲜称王，此时中国的科技文化对朝鲜的影响最深，甚至使用筷子吃饭也是这一时期传入朝鲜的。汉代的科技文化也通过朝鲜和海上丝路两条线影响了古日本的开化。

天才是地上炼成的

历时四百多年的两汉王朝，是中国历史上科技文化非常辉煌的时期。国家非常重视教育和学术研究，东汉桓帝时，仅太学生就号称有三万人。古代中国"文理科"是不分家的，伟大的科学家张衡同时又是辞赋诗人。

被中香炉"常平架"

被中香炉是中国古代用于点燃香料熏被褥的球形小炉。它的球形外壳和位于中心的半球形炉体之间有两层同心圆环（也有三层的）。炉体在径向两端各有短轴，支撑在内环的两个径向孔内，能自由转动。用同样方式，内环支撑在外环上，外环支撑在球形外壳的内壁上。炉体、内环、外环和外壳内壁的支撑轴线依次互相垂直。炉体由于重力作用，不论球壳如何滚转，炉体总是保持水平状态，不会把点燃的香灰撒在被褥上。

在汉代文人司马相如（前179—前118）的《美人赋》中，有"金𨱑熏香，黼帐低垂"的句子。据宋代学者章樵注解，"𨱑音匣，香球，衽席间可旋转者"。可见，被中香炉在公元前2世纪的西汉就已经有了。

被中香炉的记载，最早见于《西京杂记》。它是晋代葛洪（284—364）托东汉刘歆（约前53—23）之名撰写的一部笔记小说。《西京杂记》载，西汉年间工匠丁缓曾制成久已失传的"被中香炉"。这种香炉置于被中时，无论如何翻滚，炉内的炉火、炉灰都不会撒出，因此不会烧灼被褥。

这种香炉采用几环互套，最内部是一个小香

开心e百科
www.kaixin100.net

【万向支架】

"常平架"也叫"万向支架"，欧洲人16世纪结合"万向支架"发明了旱罗盘，他们对指南针技术改进作出了贡献。

直到18世纪后期，我国的航海家们才把罗盘安置在常平架内，以免除海浪颠簸对罗盘的影响，这比欧洲人晚了许多年。

炉，炉体靠自身重量控制，不论外层各环如何转动，炉体始终保持平衡而不翻倒。这大约是常平架的最早记载。丁缓重制被中香炉说明在他之前就已有古人发明出常平架装置。

把一个物体固定在基座上，无论基座怎样旋转，要求物体的方向不会变动，这就是被中香炉最核心的常平衡技术。这种构造随着科学技术的发展有很多重要的应用。这种支架称为万向支架，也称常平支架。

西方最早提到常平支架的，是意大利学者卡丹（1501—1576）。他是一位医生、物理学家、数学家，并且在哲学、音乐和机械方面也有很高的造诣。他在机械方面最出名的工作，就是最早给出了万向支架的设计。所以西方人把常平支架叫做"卡丹悬吊"或者"卡丹环"。

在提到万向支架的应用方面，最早的工作是 1629 年在罗马以拉丁文出版的一本《机械》的著作，作者焦瓦尼（Branca Giovanni）是一位卓越的意大利工程师。在这本书里，他提出利用万向支架来减轻车辆在颠簸不平的道路上的振动，以便运送病人。

真正把万向支架用在现代科学研究上，并且作出重要贡献的是法国人傅科（1819—1868）。他在 1851 年提出利用高速旋转的陀螺来显示地球的自转。

如果把陀螺放置在万向支架上，支座放在地球表面，地球旋转而陀螺的轴不会旋转。经过不长的时间，陀螺相对于支架的变动就明显

我的中国梦
Cn.wode.mobi

【开心动手】

《梦想的支点》

梦想可以上天入地，实现梦想却需要现实条件来支撑——说说你的梦，还有你实现梦想的支点……

你能把被中香炉的常平架原理应用到生活中去吗？本丛书宋代卷有"开心动手"活动，请"穿越"到宋代去看一看吧！

【纸网互动】

www.ahnupress.com

7

地说明地球的自转。

傅科利用他前一年发明的傅科摆和这种陀螺仪雄辩地证明了地球的自转，所以傅科又称它为"转动指示器"。从此万向支架又有一个新的名字：陀螺支架。

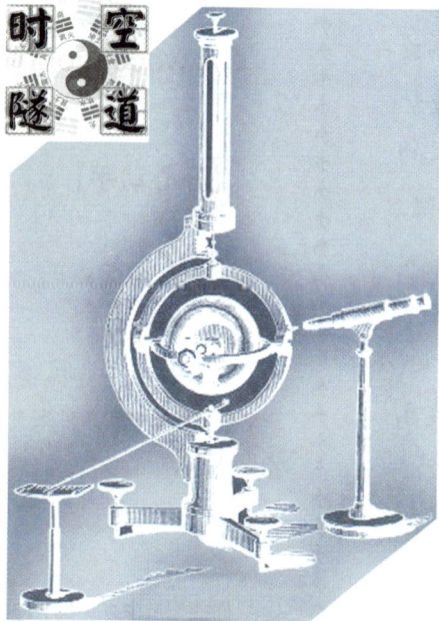

时空隧道

【开心反思】

中国发明万向支架比欧洲早1 500多年，但西方在16世纪将指南针和万向支架结合用于航海，20世纪用于航天飞机、卫星在太空中的平衡——在我国仅应用于生活用具，领先1 500多年的发明到明清时仍没有"任何变化"和改进。

这项技术为什么没有与别的技术组合起来综合使用？这非常可惜，其原因也是值得我们深思的。

西汉透光镜

　　在没有发明玻璃镜之前，人们是使用铜镜照人的。我国从商周起就有了铜镜，不过那时只有王室、贵族才能使用。到了战国时代，铜镜的使用已经很普遍了。秦汉时，铜镜的种类、款式非常之繁，做工也细腻多了。

　　铸造铜镜的铜料，比其他青铜制品要精炼得多，铸成以后还需要经过粗磨、细磨、开光、抛光多道工序，才能达到光可鉴人的效果。

　　西汉时，人们在打磨镜面时发现了一种奇怪的光学效应，即光束投射到镜面时，所反射的映像可以比较清晰地显示出镜背面的纹饰。当时，人们不清楚这是什么道理，所以把它称为"魔镜"。

　　"魔镜"引起了人们的重视，许多科学家都悉心研究它的奥秘。宋代学者沈括对这一现象进行了深入的分析，他在《梦溪笔谈》里说：有人解释透光镜的原理是镜子背后花纹有薄有厚，冷却时，冷却速度不同，结果致使镜面"隐然有迹"，反射到墙壁上就有明暗的不同。

　　但沈括还不能解释，为什么有的透光，有的不透光，只好说："古人另有别术。"这件事，成为千古之谜，一直令许多学者广泛注意。

　　1975 年，复旦大学、上海博物馆、上海交

通大学采用激光全息干涉等现代技术，对上海博物馆所藏的几面透光镜做了研究，确认"透光现象"是由于镜面曲率的微小差异导致反射光聚散程度不一而形成的。透光镜的产生，最初是在制造和使用中无意发现的。

镜面铸成后需要抛光，使用时也要经常研磨，如果镜体很薄而周边又有较宽厚的边时，当研磨到一定厚度（0.5毫米左右）时，使镜面产生与镜背花纹相应的曲率，就会出现"透光现象"。

复旦大学采用淬火后热处理方法，上海交通大学采取研磨抛光法，都出现了"透光现象"，这对于研究古代劳动人民的创造才能和智慧有着积极的意义。

刘胜的金缕玉衣

西汉景帝前元三年（前154），景帝封其子刘胜为中山靖王，即中山王。刘胜在位43年，汉武帝元鼎元年（前116）死。他是汉武帝的庶兄，其妻窦绾属于景帝母系窦氏家族，权倾一时，富甲一方，死前一两年，驱使无数劳动人民为其修筑地下宫殿。

1969年6月，我国考古工作者在河北省满城县发掘了两座西汉古墓。据考证，墓的主人就是中山王刘胜夫妇。在地下沉寂了2 000多年后，刘胜的墓终于露出了它的真面目。

墓中两具尸体早已腐烂，仅仅剩下一堆骨头渣子和个别牙齿的珐琅质外壳。可是古墓却保存了大批珍贵的历史文物，数量有2 800多件，为世人所震惊。发掘物中最引人赞叹和注意的是两件"金缕（金丝）玉衣"。

两件"金缕玉衣"都是由一片片的小玉片用金丝穿起来编缀制成的。由于年代久远，发掘时，玉衣已经变形，部分玉片也因为金丝折断而散乱。可是，整个玉衣仍然完整地保存下来。

经过考古工作者细心的工作，两件玉衣都完全复原了。经过修复的金缕玉衣，刘胜的一件长188厘米，用玉2 498片，用金约1 100克；窦绾的一件长172厘米，用玉2 160

片，用金约700克。这两件金缕玉衣曾公开展出，还曾在日本、欧美许多国家和地区展出，轰动了全世界。

那么穿金缕玉衣入葬是怎么一回事？满城汉墓的主人又为何能穿金缕玉衣入葬呢？

原来，"金缕玉衣"只是玉衣中的一种，此外，还有"银缕玉衣"和"铜缕玉衣"。玉衣又叫"玉柙"或"玉匣"，是汉代皇帝和诸侯王等贵族死后的特制葬服，并且规定要经过皇帝的赏赐才能够穿的。按照汉代葬制的规定：皇帝死后穿"金缕玉衣"，诸侯王、列侯、始封贵人、公主死后穿"银缕玉衣"，大贵人、长公主穿铜缕玉衣。贵族们穿玉衣入葬是为了炫耀他们的特殊身份和地位。

汉代的封建贵族们相信，玉可以保护尸体不朽，只要死后裹上一件玉衣，他们的躯体就能永不腐烂。这当然是愚蠢和无知的。

按照规定，刘胜夫妇只能穿"银缕玉衣"，但为什么他俩穿的是"金缕玉衣"呢？这是他俩的特殊地位决定的。刘胜是汉武帝的庶兄，其妻属其父景帝母系窦氏家族，所以汉武帝特赐他们穿了"金缕玉衣"。

这两件"金缕玉衣"共用玉4000多片，金1800多克。那时候，玉产在新疆，劳动人民要经过很长路程方能运来。制作这样两件玉衣，如用一名玉工辛勤地劳动，要20多年才能完成。如果再加上开凿巨大的墓室和制作那么多的随葬品，那需要多少劳动人民为之付出巨大的代价和多少艰辛的劳作啊！

另一方面，"金缕玉衣"制作得如此精致，说明我国古代劳动人民拥有丰富的智慧。由于"金缕玉衣"要完全按照死者的体型造型，所以在制作的时候，玉工们必须按照人体各个部位的特征，设计每一片玉片的大小和形状，将2000多片玉片逐个编号，再把它们一片片地用金丝连缀起来，才能够最后完成。

设计编号和缝制都必须非常精细。既匀称又美观的两件"金缕玉衣"，就是当时玉工们的高超设计才能和精湛技艺的最好见证。

仔细观察，研究者还发现玉衣每个玉片的加工也非常精致。玉片厚薄均匀，玉片的锯缝又直又细。有的玉片的锯缝仅有0.35毫米。每个玉片都经过抛光，光彩夺目，闪闪照人。连缀玉片的金丝也都经过了细致的加工。

随着部位的不同，金丝有圆形的、扁圆形的、拧成麻花形的；有单股的，也有用几根乃至十几根细金丝拧成的合股。每一玉片和每一根金丝，都能够表现出玉工们精湛的工艺和娴熟的技巧。

长信宫灯和错金博山炉

在这批文物中，长信宫灯和错金（把金丝嵌入器物表层，磨光后，面呈纹饰）博山炉等制作十分精致、华丽，都是过去少见的珍品。

长信宫灯是一个跪着的宫女双手执灯的造型，因灯上铭文"长信"两字而得名。全灯通体铜制，高48厘米。宫女面型、体态和衣服的波纹、线条逼真优美，栩栩如生。

灯的设计十分精巧。灯座、灯盘和灯罩都可拆卸，灯盘可以转动，灯罩可开合。这样就能够任意调整灯光的角度和照射的方向。宫女的头和右臂是连接的，也可以拆卸。体内是空的，右臂与灯罩上方的烟道相通，灯火燃烧放出的烟，可以通过烟道和宫女的右臂容纳于宫女的体内，以保持室内的清洁。

错金博山炉是一种用来熏香的铜炉，高26厘米，分炉座、炉身和炉盖三部分。炉座用透雕方法通座雕满蟠龙纹。炉身的上部和炉盖铸出一层层高低起伏的山峦，在山峦之前还铸有猎人和奔驰的野兽，构成了一幅非常生动的群山行猎图案。炉的外表还用黄金错出美丽的纹饰，更加显得光彩夺目。

汉炉形座带罩釭灯

汉炉形座带罩铜釭(gōng)灯通高33厘米，1968年河北满城陵山西汉中山靖王刘胜墓出土。器由三足空心炉、灯盘、灯罩、灯盖、烟道等部分构成。灯盘圈足套置于炉上。盘壁双重，灯罩屏板插于其间。灯盘外壁平伸叶形长器，用以移动灯盘。灯罩为弧形屏板，对称的两下角均有小钮，用来推移屏板。灯盘、灯罩的转动可随意调节灯光的亮度和方向。灯盖形如覆钵，置于灯罩屏板之上。盖顶伸出管形烟道，弯曲向下和三足炉身伸出之烟道扣合，整个烟道作灯把。灯的各部分均可拆卸。此灯设计精巧，造型奇特。

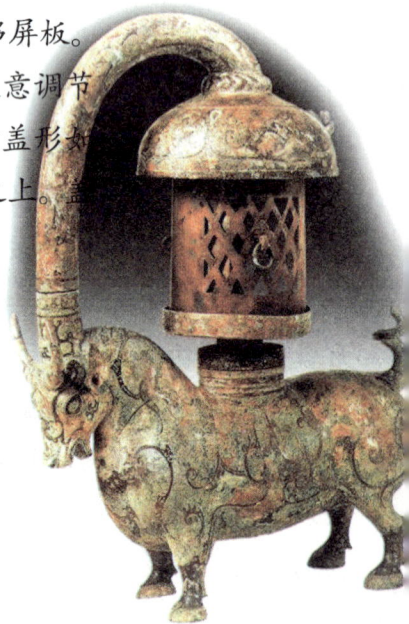

☆ "虹管灯" ☆

汉代发明的虹管灯应用了"虹吸"原理：虹管灯也称釭灯，其灯体有虹管，灯体为带空腔的容器，内部盛清水，利用虹管（导烟管）将灯罩内的烟火导入灯体溶于水中，就可净化空气。

扬州中国雕版印刷博物馆收藏了西汉昭宣时期广陵国贵族墓葬出土的"双管釭灯"，山西等地汉墓也有发现。

西汉车饰和东汉牛灯

当青铜艺术只能作为表现高度工艺水平时，实际上便走到了它的全部历程的终点。青铜文化自夏始，至殷周达到了光辉的顶点，迄战国便开始走下坡路，其间风风雨雨，历经 2 000 年之久。

到了汉代，青铜器或演变成日常用品，或演变成纯粹的工艺品。满城汉墓出土的蟠龙纹铜壶、铜错金博山炉、长信宫灯、铜朱雀衔环杯，便是汉代青铜工艺品的佳作。它们用料讲究，制作精巧，造型漂亮，使人看到之后感到惊异，赞叹不绝，爱不释手。

然而，工艺品只能从工艺角度来断定它的审美价值，在汉代的青铜作品中，再也看不到它自身凝聚的那股历史的力量，那种崇高的美。你若细心品味汉代青铜器皿，在它的细微之处，无不体现了那个时代的艺术风貌和时代精神。

1965 年，河北省定县出土一件车饰，长 26.5 厘米，径 3.6 厘米，呈竹管状，中间是空心，原安木心，像古代贵族车上的伞盖柄，被定名西汉金银错狩猎纹铜车饰。

表面凸起的轮节把这件器物表面分为四段，每段黑漆地上饰有金银错纹，嵌有圆形和菱形绿松石。金银丝细如毫发，巧夺天工。在不满一尺的画面上，分为四幅，每幅都是一个汉代神话故事。

鎏金环形车饰

外径 13.4 厘米、内径 6.8 厘米。环面内圈饰两条首尾相交的飞龙，外圈有山、虎、野猪及双鹿等纹饰。

曲阜九龙山汉墓 1970 年 5 月出土，现藏于山东省博物馆。

【开心笔记】

巧夺天工的技艺令人叹为观止。然而，这些工匠的名字都没有留下来。

汉字竖写 源于简牍

书写二字 音同竖写

竖写蕴育纵向思维能力

竖写如川 横写如水

汉字纵横 状天地方物 经纬

在这些故事里，人神共处，人兽共处，天上、地下、人间浑然一体。那游弋的飞龙，插翅飞奔的野马，那深夜闯入人境的鸱（鸮），那孔雀开屏鸣叫的动人景象，在花香云气里构成一片生机；那虎熊相搏、那豹豺相击、那狗捕麋鹿、那虎吞野猪，在缭绕山岳里形成热闹非凡的动物世界；蛮人驯象，猎者反身射虎，人骑驼背，构成以人为主体的现实世界。飞鸟、翔鹤、羽人、行龟构成人间仙境。

在小小的画面里，把悠久的历史传统、邈远的神话幻想和辽阔的现实图景结合起来，通过林林总总五彩斑斓的人物与动物形象，强有力地表现了人对物质世界和自然对象的征服主题。这就是汉代艺术的基本特征。就其风格，这幅金错镶嵌图饰与马王堆出土帛画、众多的汉画像石是一致的，但能在那样一种狭窄的天地里，创造出那么丰富多彩的艺术形象，实在是一种奇迹，令人难以置信。

我们经常看到的古代青铜器中，有一种叫做金（银）错的铜器。所谓金（银）错，就是先在铜器上铸好或刻好纹饰槽，然后利用金银的延展性，在外加压力下使金银添进纹槽内，用错石或磨炭整饰抛光，形成隐嵌形式的金银图案或文字。这样，就使青铜器的纹饰改变以往单纯的范铸的形式，纹饰更加丰富多彩，出现了许多故事片断的描写。

【错银铜牛灯】

春秋以后，这种技术渐渐多起来，到了汉代就很普遍了。东汉错银铜牛灯是其代表作品之一。

此牛灯于江苏邗江县甘泉二号汉墓出土，现藏于南京博物院。这盏灯分三部分：灯座、灯盏和输烟管。灯座为一雏牛，牛腹中空，使用时可注水，既加强了自身的稳定性，一旦失火也可以用此水灭火。

灯为长圆筒式，盏为一圆盘，盘沿有鎏金，盏上有两片瓦状罩，可开合。罩壁有孔，罩上有穹顶形盖。罩与盖组成一间小屋室，中心有一根输烟管连接牛头，灯燃时烟尘由管输送到牛腹内。平时输烟管可以作灯柄，用于提携，内部烟垢增多，可以拆卸后擦拭。

雏牛造型极为生动可爱，颈隆起，首稍低，尾弯曲向上，四足挺拔着地，似与伙伴顶犟戏逗。这种姿态有助于灯盏的稳定性。牛身嵌有错银纹饰，增强了小牛各部位肌肉的立体感，使雏牛有剽悍、强劲的动态效果。

汉代的造型艺术从表面上看，似乎处在静止状态，然而却在静中寓动，蕴藏着运动、力量的气势感。著名的马踏飞燕、长信宫灯、说书人和画像石中的荆轲刺秦王，无不有一种"气势美"，造型往往取自千钧一发的刹那间，包含着无穷的力度。这匹雏牛也算是其中一例。艺术家成功地捕捉到小牛在顶撞对手的一刹那的启动态势，使人感到有一定的力度。

踏燕追风铜奔马

1969 年 10 月，在甘肃省武威县雷台山下一座东汉墓出土的文物中，有一件铜奔马，人称"马踏飞燕"，或"踏燕飞马"，被认定为国宝，保存于北京故宫博物院。

这件铜奔马，一蹄踏燕，三蹄凌空，昂首举尾，体态矫健，气韵生动，呈飞奔状。那只被马蹄踩踏的飞燕，探首回顾，收足展翅，给人感觉好似凌空奔驰的骏马超过了流星般疾速飞翔的燕子，产生一种风驰电掣、瞬间千里的动感，其气势难以抵挡。

在以往的壁画、浮雕或马俑的艺术创作中，为了表现"天马行空"的神速，往往给马背插上两扇翅膀，或用祥云瑞雾加以衬托。有的壁画，还用四个能飞的天上的人，把马的四蹄捧抬起来……这些作品常常把人带入神话的境界中，却失去了逼真的现实之感。

这件铜奔马则别出心裁、独具匠心，只轻巧地在一只马蹄下安排了一只飞燕，便奇妙地排除了地面与空间的障碍，解决了造型艺术中重量和速度、想象与现实之间的矛盾，给人造成奔马凌空的崭新意象。

在这件铜奔马出土还不到两年的 1971 年 9 月，它就遇到了"伯乐"。我国著名文学家、史学家、考古学家郭沫若在兰州观看到这件铜奔马时，以他独有的学识和慧眼，当即宣布："这是一件罕见的艺术珍宝！"

这件铜奔马在北京展出后，震动了国内外的史学界和考古界，赢得了国内外观众的赞誉。著名诗人臧克家，以他澎湃的激情，写出了《踏燕追风铜奔马》的文章。

报纸、杂志纷纷称铜奔马是"无价之宝"，是"当今世界独一无二的一件瑰宝"。铜奔马出国展出，在日本、美国、英国、法国、意大利、瑞典、奥地利等国家，都获得极热烈的赞美和很高的评价，被誉为"绝世珍宝""一颗引人注目的明星"。

铜奔马的诞生与"丝绸之路"的开通，有着重要的联系。西汉初期，汉武帝刘彻从军事上考虑，多次派使者用大价钱到西域去寻取良马，并曾为获得良马而动武交战。乌孙马、大宛马、康居马、波斯马、吐谷浑马、突厥马等西域良马，都曾与西汉的良马杂交，产生新的良马。

在"丝绸之路"上，一个个驿站连成一线，走马不断，大都通过处于重要地理位置的武威到达中原。这就是铜奔马创作的社会基础和生活来源。许多学者、史学家和畜牧专家，对铜奔马进行了考证，认为它应属乌孙马种，或乌孙马与本地良马杂交的后代。

也有一种说法，认为铜奔马塑造的不是凡马，而是古代传说中的"天马"，马蹄所踏的也不是飞燕，而是龙雀，即传说中的"风神鸟"。

"天马"的速度快于"龙雀"，"龙雀"不知后面追赶而来的是什么，猛然回首的瞬间，"天马"已超过了它，并且有一只蹄无意之中踏在了它的背上。所以，一些学者认为，这件铜奔马应

我的中国梦
Cn.wode.mobi

《腾飞的奥秘》

在世界文明长河中，无论是文字的发明，还是青铜器、铁的生产等，中华文明都不是最早的，但从两千多年前的汉代开始，却奇迹般地腾飞起来——直到宋代，领先世界一千多年之久，其中的奥秘在哪里？

西方从文艺复兴到工业革命，只用了几百年时间就实现了现代化腾飞……进入21世纪，中华民族又迎来新的历史机遇……这是"00后"的新世纪，你有什么感悟，请讲出来与大家共享……

[纸网互动]

www.ahnupress.com

叫做"马超龙雀"。

"马踏飞燕"也好，"马超龙雀"也好，依据实有的乌孙马也好，依据想象中神话里的"天马"也好，总之，这件由古代无名工匠创作的铜奔马，反映了我国汉代的金属冶炼、浇铸和加工的技术水平，同时也折射出了1700年前畜牧业的发展和留下的"丝绸之路"上中外文化交流的痕迹。

巧夺天工的汉代漆器

　　汉代的漆器全面继承东周以来的漆工技法，并在此基础上又有创新，形成了我国漆器工艺史上的一个高峰。汉代漆器传世的很少，大都是墓葬出土的，一般腐蚀的较多，保存完好的有湖南长沙马王堆、湖北江陵凤凰山和云梦大坟头汉墓出土的漆器。其中马王堆汉墓中保存的漆器尤为完好。

　　马王堆汉墓开启后，棺椁四周边箱都有漆器出土，包括髹漆的兵器和乐器，共计 316 件，器形有鼎、盆、壶、钫、盒、盘、卮、匕、勺、耳杯、耳杯盒、奁（lián）、案、几、屏风、箕等。

　　其中耳杯计 174 件，盘 68 件，鼎 6 件。漆器大多是木胎，也有夹纻胎和竹胎，纹饰方法有漆绘、粉彩和锥画三种。墓中出土漆奁计 15 件，其中一件奁保存着著名的帛书和帛画，还有一件奁保存着极为珍贵的漆纚（xǐ）纱帽。

　　纱帽长 24.4 厘米、宽 26 厘米、垂翅长 8 厘米，马王堆三号汉墓出土。

漆纚 "乌纱帽"

漆纚纱冠俗称乌纱帽。出土时盛放在油彩双层长方漆奁内，应是墓主人生前的官帽。三号墓的墓主人为第一代轪侯利苍之子，生前曾是一位带兵的将领。

漆纚纱冠可能是当时武职官员所带的武冠。这种纱冠对后世的影响深远。如明代文武百官所戴乌纱帽，就是外蒙乌纱。因此，也可以说这件纱冠是我国迄今所见最早的乌纱帽实物。

漆纚纱冠的编织工艺可能有两种方法：一种是织工先将左斜经线和右斜经线分成两组开合交替一上一下编织而成，另一种是利用织纱罗的织机织造。织物编好后，将其斜覆在模型上，辗压出初具簸箕状轮廓的帽型，再加嵌帽框的固定线，然后在经纬线上反复多次涂刷生漆。

由于它编成后菱形的网孔分布均匀，如同丝织品中平纹织物纱，所以称之为纚。

甘肃武威磨咀子 62 号新莽墓也出土过漆纚纱冠，它戴在男尸头上，周围裹细竹筋，头顶用竹圈架支撑，内衬帻（一种类似头巾的冠饰），是武官戴用的完整实例。

漆绘是用生漆制成半透明的漆液，掺入各种颜色，描在已涂好漆的器物上，色泽光亮不易脱落。奁、耳杯上的纹饰，大部分是用这种漆绘的方式画上去的。用针尖在涂好漆的器物上刺刻花纹，称为"锥画"。用油漆加上各种颜色作调色料，此方法称为油彩。马王堆出土的大型漆盘以及漆奁上的纹饰，即用此法。漆奁先用白色凸起的线条勾边，然后用红、绿、黄三色勾填漫卷的云气纹，色彩灿烂。

在罗、纱上涂上漆液，称为漆纱；用漆纱做成的帽子称为"漆缠纱冠"。马王堆墓出土的这件漆缠纱冠，外表乌黑、挺括，具有耐水、耐腐蚀特性，反映了我国汉代织物涂层整理的技术水平。

汉代漆器中流行在口边镶嵌金银铜箍，在杯的双耳上镶镀金的铜壳，称为"银口黄耳"或"扣器"。马王堆汉墓中的一件漆卮，里面是夹纻胎，耳、钮有鎏金铜环，内施朱漆，外髹黑漆为地，针刻二龙怪首兽，相间阴刻云气纹，细如游丝，流畅奔放，是当时最为名贵的一种。当时，还有的漆器镶有水晶，别有一番情趣。

一件漆器，从设计到成型，要经过许多工序。按工种不同，可分为"素工""髹工""上工""铜耳黄涂工""画工""渍工""造工"，等等。

昂贵的漆器，往往有铭文，记述漆工匠人制作程序。如贵州清镇平坝出土的耳杯铭文："元始三年，广汉郡工官造乘舆髹画工黄耳桮。容一升十六龠，素工昌、髹工立、上工阶、铜耳黄涂工常、画工方、工平、渍工匡、造工忠造……"

素工就是制木胎的；髹工，就是漆工，即初步涂漆；上工，则是进一步涂漆；铜耳黄涂工是在漆器上镶铜耳、铜箍和镀金；画工是在器物上画花纹；工是雕刻铭文、花饰等；渍工是修理、洗净即将制成的漆器，最后检验产品的；造工是作坊的负责人。每道工序都有专人负责。

因此，《盐铁论·散不足》说："一杯棬（quàn）用百人之力，一屏风就万人之功。"

管理漆工的官吏有护工卒史、长丞、掾、令史，护工卒史是中央政府中的少府所委派，权力很大。一件漆器的最终成型，确实经过许多漆工的努力。如果是官工生产，又需层层行政长官把关，最后才能送到朝廷。每一件漆器都凝结了漆工的血汗。

《盐铁论·散不足》指出："富者银口黄耳，金玉钟；中者舒绘器，金错蜀杯。""夫一文（纹）杯得铜杯十。"

从这些文字可以看出，一件绘有花纹的漆杯，可与十件铜杯等值，制作一件漆杯，需要百人的劳动，制作一套屏风，需要万人的劳动才能完成。

蜀郡和广汉郡是西汉制造漆器的中心，每年制造大批漆器供宫廷使用，为此政府设立三工官。据《汉书·贡禹传》记，每岁费 5 000 万钱，由此可知汉代漆业的规模。

日本国宝——汉朝赠的金印

西汉文景两帝经过近 40 年休养生息，农民虽然还不很富裕，但封建国家却积累起丰厚的财富。汉武帝刘彻利用当时的人力和财力，对外开始用兵，扩大疆域。

当时汉朝人口大概有五六千万，文化高出四邻任何国家。工业品，尤其是丝织品受到所有国家的欢迎。这就是汉朝对外发展的背景。

汉朝时称日本为倭。公元前后，倭人分为一百多个小国，占据海岛各自称王，年年向汉朝进贡朝贺。

东汉光武帝刘秀，曾经赏赐过倭奴王黄金印一颗，表示汉朝皇帝对倭奴国王的支持和友好。它实际上是权力的象征。倭奴国把金印视为至宝。

约 1700 多年后的 18 世纪，日本渔民甚兵卫在水稻田里挖到了这颗金印，赶紧送官。

就这样，这颗黄金大印被送到郡守并转呈黑田藩主。当时黑田藩有一个著名的考古学者叫龟井南溟。经认真鉴定，看清上边镌刻的文字是"汉委奴国王"五个大字。原来，

www.flyark.cn

挖宝记

1784 年的阴历 2 月 23 日，在日本九州北部志贺岛叶崎的一个小渔村里，渔民甚兵卫除了在海上捕鱼外，家中还有二亩水稻田。

甚兵卫为了给稻田浇水，清晨起来，拿锹去地里挖水渠。"咔哧"一声响，铁锹碰上石柱子，下边还有一块石面。使甚兵卫惊讶的是：在两个石面之间，藏着一金属块。

日本"金印公园"

"汉委奴国王"金印经日本国家计量研究所测量，印面为 2.34 平方厘米，大约折合东汉时度量衡铜尺的一寸见方。正好符合汉代金印制度：诸侯王的金印大不超寸。

金印上的钮呈蛇形，下面有横通的小孔，供挂绶带所用。当时东汉金印上的钮也有讲究，即列侯印是龟形，将军印是虎形，蛮夷印是蛇形。

现金印已被日本国政府指定为国宝，珍藏在福冈市立美术馆里。

日本政府还在发现这颗金印的地方树立了一块刻着"汉委奴国王金印发光之处"的石碑。在石碑的四周种植了树木，景色非常优雅，成为日本旅游的一个景点，叫做"金印公园"。

这就是中日两国都有史记载的，1700 多年前光武帝刘秀赏赐给倭奴国王的那颗金印。当时，这颗金印成了藩主家的传家之宝。

我国 1956 年在云南晋宁县石塞山汉墓中出土一颗蛇形钮的金印，上面刻有"滇王之印"。当时滇南国也是蛮夷。1981 年，在中国扬州二号汉墓出土了一颗龟钮金印，上面刻着"广陵王玺"，说明这是一颗列侯的金印。

这颗金印与"汉委奴国王"金印不仅印面尺寸一样，而且篆刻字体也相近，印钮上也都有鱼子纹。这两颗金印所授予的时间只差一年。人们可以想象，当时东汉的能工巧匠们是如何给漂洋过海、远道而来的使者铸造这颗金印的。

日本北九州还出土了许多汉代珍贵的文物，如铜矛、铜剑、勾玉，都是当时汉王朝的赐品。

金印是中日友好和文化交流的标志。当时中国的先进文化和生产技术，源源不断地传到日本列岛，使这里的养蚕纺丝业、铁器制造业有了很大发展。

深井钻探地球

☆深井钻探★

据东汉历史学家班固所著《汉书·地理志》记载，"上郡高奴县（指延安一带），有洧水，肥可燃"（石油浮于延河水上，可作燃料）。这是目前对石油最早的记载。中国发现并开采石油在世界上并不是最早的，但最早发明了深井钻探技术。"石油"一名见于宋沈括《梦溪笔谈》，在此之前有石漆、水肥、脂水等称呼。

创造·发现

古代开凿深井，主要用于开采井盐卤水，称盐井；后来发展到开采天然气，称火井。战国末期秦国蜀太守李冰在今四川省双流县境内开凿盐井，汲卤煮盐。

在古代钻井科学技术史上，有记载的较早的钻井活动要追溯到前3世纪。最初是使用一种绳式顿钻技术，用绳吊着金属钻具，依靠它下落时产生的重力向下掘进，然后用一种管状容器（毛竹筒）收集提出岩石碎片。唐宋后，钻井技术又有重大改进，最重要的是发明了流体技术，用泥水清除钻屑。发展到这一步，说明钻井技术完全成熟了。

吊杆会升到高达钻孔上方600米。麻绳和竹管被深入到地下深处，以铸铁深钻直到得到天然气，并以此为燃料将卤水中的水蒸发来生产食盐。天然气通过竹管运输到需要之处。也有证据说明这些气体也被用来照明。

此图表现的是汉代四川井盐生产的汲卤熬制过程。东

汉代的"百炼钢"

有一成语叫"百炼成钢",说明了铁形成钢的冶炼过程。我国在春秋时期(约在前800年到前500年)已广泛用铁铸鼎、造剑和制作生产工具,到了汉代,冶炼技术有了很大发展,出现了"百炼钢"。

我们知道,铁是较活泼的金属,又有较高的熔点(纯铁是1 535℃),铜和生铁的熔化温度较低,但也在1 000℃以上,这就使炼铁的工艺比炼铜等其他金属要困难一些。所以有人说,人类最早使用的铁是从天上掉下来的。

天上真的能掉下铁来,那就是陨铁,它和陨石一样,都是某些天体分解的碎片,陨铁比陨石要少,能够落到地球上的陨铁而且又被人们捡拾到手的则更少。但是由于陨铁中有规则地含有镍和钴,科学家在鉴定用了铁的文物时,发现确有一些用的是陨铁。但那些成百上千斤的铁鼎、铁塔和十多万斤重的铁狮子(后周所造,现在河北沧州)中所用的铁,绝不会都是从天上掉下来的了。

这些铁都是用铁矿石冶炼出来的,可见那时候的冶炼技术已经发展到了较高的水平。

我国开始用铁的时间,比世界上如埃及等地要晚,但有了铁后直到用钢的时间,我国又稍比人家早些,这就是说，我国几乎是同时有了炼铁和炼钢的生产技术。

【块炼法】

我国最早使用的炼铁方法叫做块炼法，就是把铁矿石放在炉火中加温，烧到一定程度后夹出来锻打。再加温再锻打，如此反复数次就能得到含杂质较少的铁坯，然后集中烧打成器。由于用了炭火，烧打成的铁中常含有少量碳，也就直接形成钢了。

当然，这种做法难以控制其中的含碳量，所谓的钢，也不会有稳定的质量。

【淬火】

但不久就摸索出了淬火处理的方法，又不同程度地改善了块炼钢的性能。这种极原始的锻打法，费劳力、产量低，根本做不出大的部件。成百上千斤整体的铁器物，是用生铁浇铸成的，这是炼铁技术发展的必然结果。

铁在温度越高时越能吸收碳，铁中含碳量越高，熔点相应会降低，就会形成生铁。碳的含量达到 4.3% 时，熔点最低，是 1 146℃。

古人从实践中发现，提高炉温有利于金属的冶炼，于是改造炉形，加上鼓风，很快就得到熔化的液态生铁，并开始浇铸作业。生铁跟块铁同时发展，是我国钢铁冶炼技术发展的独特之处。世界上其他国家，从块炼铁发展到炼生铁，约经过 1 000 年的时间，例如欧洲的一些国家，很早有了块炼铁，但到 14 世纪初才出现生铁。

【"炒钢"】

我国汉代的钢铁冶炼技术，较前人又有了长足的发展。为炼出好钢而形成了"百炼钢"的技术，为了多出钢又发明了"炒钢"的方法。"百炼钢"是反复锻打，由此去杂、匀细，能做出好的铁器。

从河北满城西汉墓出土的刘胜佩剑、钢剑和错金宝刀几件文物，经过现代技术检验表明，它们正是"百炼钢"技术的产物。

"炒钢"的做法就是将生铁熔成的液体，流放到平池里加以翻炒和搅拌，利用空气中的氧来进行脱碳，最后打制成品。

1974年7月，在山东苍山县的东汉墓出土的东汉永初六年炼环首钢刀，就是以炒钢为原料，经反复锻打而成的。

在钢铁冶炼技术不断发展的漫长岁月中，兴起多种炼铁、炼钢法的同时，也发展了鼓风技术。后来发明的双向活塞木风箱，现在我国农村人家还用它催柴起火。

最早的炼锌术

锌是灰白色的金属，熔点不高，在419℃时化为锌水，907℃时沸腾挥发。古代的炼锌技术，要晚于金、银、铜、铁、锡。锌在地壳中的含量比铁少，却比"五金"中的其他四金都多。

时空隧道
www.flyark.info

"荷兰锡"

1739年，英国曾公布金属锌的蒸馏法的专利文献，因此人们都认为英国人最早炼出了锌。也有人说，1746年，由德国化学家马格拉夫第一次用炭还原法得到金属锌。

据考证，这些炼锌方法都是从中国传去的。大约在16世纪以后，中国炼制的锌由东印度公司大量运到欧洲，后来炼锌技术也传去了。欧洲至今还有人叫锌为"荷兰锡"。原来，东印度公司主要是由荷兰、英国开设的。

中国是最早冶炼和使用锌的国家。我国最早用锌是从炼制黄铜开始的。黄铜是铜锌合金，是铜和炉甘石（主含碳酸锌）同煤炭在冶炼炉里加热锻烧而炼出来的。

汉代，曾经颁布过不准使用"伪黄金"的法令。"伪黄金"指的是黄铜。8世纪，《唐书·食货志》中说："玄宗时，天下炉九十九，每炉岁铸三千三百缗，黄铜二万一千二百斤。"

缗是丝的意思，古代以丝贯钱，一贯千钱，作二十缗。

918年，霞飞子的《宝藏论》一书中，就提到"倭铅"的名称。倭铅就是锌。

1637年，宋应星在《天工开物》中说，倭铅"似锌而性猛"。还谈到"升炼倭铅"："每炉甘石十斤，装载入一泥罐内，封裹泥固……然后逐层用煤炭饼垫盛，其底铺薪，发火煅红，炉中炉甘石熔化成团。冷定毁罐取出，每十耗其二，即倭铅也。此物无铜收伏，入火即成烟飞去。"

考古学家对汉代钱币、明代黄铜宣德炉等进行化学分析，也证明我国在汉代就已使用锌，最迟到15世纪20年代就已经大量生产锌了。

【开心知道】

锌外表很像锡，锌、锡的名称常被混用。事实上，锌和锡是两种金属，"荷兰锡"应该叫"中国锌"才对。由此，西方人也不得不承认中国是世界上最早炼锌的国家了。

如能通过时空隧道来到汉代，你也许会在汉武帝面前立一大功：

那时山东胶东半岛有个"栾大"，献给汉武帝一种斗棋。这种棋子一放到棋盘上就会互相碰击弹开，自动斗起来。

汉武帝看了非常惊奇，问栾大"何故"？栾大只知棋子是用磁石做的，为什么有磁性，能互相排斥碰击就说不清了。

【请你指点】

你一定能回答汉武帝的千年疑问吧？

炼铁和杜诗鼓风

杜诗，字公君，是东汉初期河内汲县（今属河南省）人。出生年代不详，死于汉光武帝建武十四年（38 年）。历任功曹、侍御史、成皋令、沛郡都尉、汝南都尉等职。由于他办事干练，善于决断，很受汉光武帝刘秀的赏识。

在汉代，炼铁工匠们用竖炉来炼铁，竖炉在生产实践中逐渐成为炼铁的主要形式。

河南省郑州西北 20 千米的荥阳县城西有一个古荥阳镇。在该镇考古发现，一遗址面积约 12 万平方米，从出土铁器上的铁官标志铭文推定，这里属汉河南郡所辖的第一号制铁作坊，使用年代约自西汉中晚期至东汉。

出土的制铁作坊炉基保存较好，炉基周围有 20 余吨炼炉积铁块、成堆的矿石、炼渣、耐火砖、陶风管残段、煤饼、栎木炭、

陶范等，产品有锄、铲、锛、凿、齿轮、六角承等。

可见，汉代工匠们的铁器制作技术已相当成熟和完备。由于炉基保存比较完整，使我们对汉代工匠的炼铁工艺也有一个基本的了解。

竖炉的炉基、炉缸和炉腹均由耐火材料构成。炉的两侧各有两个风口，设鼓风器四具。汉代工程师对它的设计有两个特点：

1. 它是椭圆形状，说明当时的工匠们已经认识到炉缸工作与送风机械的关系。

2. 炉子下部炉墙向外倾斜，与水平所成角（在冶金上叫炉腹角）为62度，边缘炉料和煤气接触比较充分。这种设计在高炉发展史上是一大飞跃。估计古荥阳高炉容积为44立方米，日产生铁570千克，一年大约生产60吨。

据物料平衡推算，每炼一吨铁大约用木炭7 850千克、矿石1 995千克、石灰石130千克。上述指标是2 000多年前的高炉上产生的，在冶金技术史上应算是极为辉煌的成就。在欧洲直到14世纪，才出现过这种高炉。

铁矿石在炉温1 000多摄氏度时才能熔化，提高炉温必须要靠鼓风设备。汉代的杜诗发明了一种机械的鼓风设备。

建武七年(31年)，杜诗任南阳太守时兴修水利，扩大耕地面积。由于他重视农业生产，为百姓做了一些好事，因此很受当地人民的拥戴，被人们称为"杜母"。

冶铸业的发展与鼓风技术的改进有密切关系。最早的鼓风工具是用牛皮做的大皮囊，叫作"橐"。开始是一个橐，通过一个进风管向炉内鼓风，后来人

水　排

水排的创制是我国机械制造史上一件具有重大意义的事。它以自然力作为原动力，在构造上具有动力机构、传动机构、工作机构三个主要部分，实际上已具备了自动机的雏形。水排的出现不仅为进一步改进冶铁炉创造了条件，而且对后来的机械设计制造具有深远影响。

们把许多橐排起来，通过几个风管一齐向炉内鼓风，这种多管鼓风工具就称为"排橐"，或简称为"排"。

使用"排"可以增大进风量，加强燃烧火力，提高冶炼温度，使金属加速熔化，比单橐鼓风的方法要进步得多，但这需要大量的人力、畜力。由于农业生产的发展，冶铸规模日益扩大，因此创制一种省力高效的鼓风工具成为迫切需要。杜诗在任南阳太守后，就召集工匠，在总结前人经验的基础上，主持设计并制造了以水力为动力的鼓风机——水排。

杜诗创制的水排，具体结构当时没有记载，直到元朝的王祯，才在他著的《农书》中对水排的结构作了详细的说明，并绘制了立轮式、卧轮式水排图。

水排发明后，不久便得到推广。宋代，水排的皮风囊为活门式木风扇所代替；明代，木风扇又为活塞式木风箱所代替，在结构上一个比一个进步。我国的水力鼓风这一重大科技发明，比欧洲人要早得多。在欧洲，11—12世纪才开始使用水力鼓风设备——鼓风炉。

时空隧道

王祯在书中认为，他记述的水排和古代的水排在构造上差别不大（当代一些学者认为：王祯的水排图与汉代水排在动力结构上有差异），只是"古用韦囊，今用木扇"。

王祯记述的水排，结构上主要包括这样几个部分：主动轮、从动轮、曲柄、连杆、排扇。而且卧轮式水排还用了皮带传动，把圆周运动转变成拉杆的直线往复运动，并且有变速装置，可以做快速持续运动，大大地提高了工作效率。

桨橹舵的演变

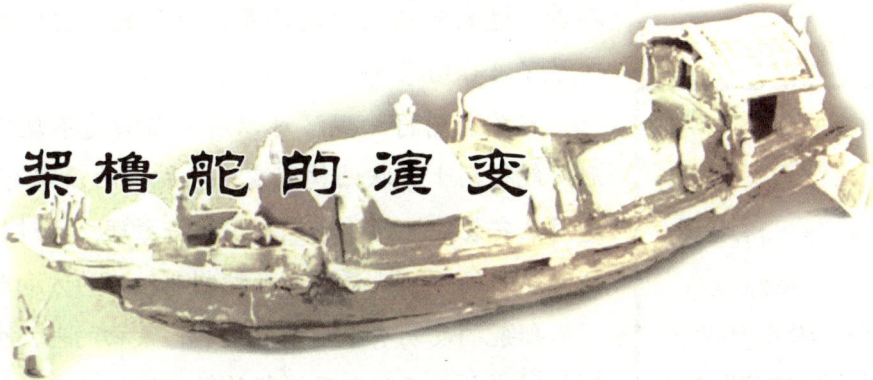

桨，独木舟时代就有了，谁也无法证实是谁首创。但在世界造船史上，橹和舵是中国古代独有的发明。

"舵者拖也"，是拖在船尾的装置。它由橹演变而成，专管航向；橹是动力装置，兼管航向。

用桨或橹推进的船只可以不要船舵，桨和橹可以兼做控制船只航向的工具，但帆船就必须有舵。广州汉墓出土的一只陶船，上有船舵，比西方约早4个世纪。

这只船有三个舱室，前舱低矮宽阔，篷顶是两面坡形，可能是个货舱。中舱比前舱稍高一些，上面有一个顶部微微凸起的圆形篷盖，两侧各有一门，便于人员出入，这大概是船工的住处。后舱也叫舵楼，舱顶也是两面坡形。

它的旁边有一个低矮的小屋，还开着一个门，这是船上的厕所。船头还有一个小篷，这是防浪用的，非常引人注目。船头上有十字形的船锚，船尾那件长方形的是船舵。这个舵的装置是非常关键的，在世界造船史上，船舵是由中国发明的。

在古代典籍中，舵又写作柁，对于它准确的问

舵

汉代舵杆是斜着伸入水中，与橹相似。唐代时出现舵杆竖直的舵，增加了舵接受水流压力的面积，提高了控制方向的性能。宋朝时又出现"平衡舵"，它的舵面有一部分在舵杆前面，舵杆从舵面中间通过。这样既增加了舵面积，又不增加转舵的困难。这一发明，大约在12世纪传入欧洲。以后中国又发明了可升降的舵、开孔舵、正舵和副舵等，使中国帆船控制航向的能力居世界领先地位。至今，船舶仍普遍用船尾舵控制方向。

东汉陶船

东汉时期的陶船虽然只有 16 厘米高、54 厘米长，是随葬的明器，可由于它是依照真船的结构、形状，按比例缩小制作的，所以，它仍然是我们研究中国造船史的重要标本。

1956 年，又在广州的西汉末年古墓中发现一只木制船模，船底中部很平，两端翘起，船上有两个舱，船首有一个指挥的木俑，船前部有四个木俑持桨（划船），船尾有一个木俑持桨（掌舵）。

世时间，目前还没有结论，可是就已经发现的实物资料看，这只陶船上的舵是年代最早的，它比欧洲的船舵早了 1 000 多年。

在陶船前仔细观察可以看到舵面是不规则的四方形，舵杆用十字状结构固定，在舵杆的顶端有个洞孔，是用来安装舵把的。人们利用杠杆原理，通过转功能舵把使舵面偏转，从而调节、控制船航行的方向和线路。

船舵的发明有个漫长的过程，最初的船，由于船体不大，吃水也不深，用撑船的篙或划船的桨就能控制船的方向。随着船体加大，仅靠篙和桨就不能控制船的行进方向了。大船要在深水里行走，用篙就撑不到河底，使不上劲了。再者，大船要用好多只桨，需要许多人来划，大的桨需要几个人才划得动，这时候再用桨既管划水又控制方向，就太不容易操作了。于是分成了专管划水的桨和专管控制方向的桨。后一种桨由船身的两侧移到船的尾部，就成了船舵。这是中国人对世界航运史的一个杰出贡献。有了船舵，自然要有操舵人员，而且这是一个关系到船能否安全航行的关键岗位。在这只陶船尾部，有一个人左手扶着后舵篷沿，右手向侧方伸出，似很用力的样子，他该是本船的舵手吧。

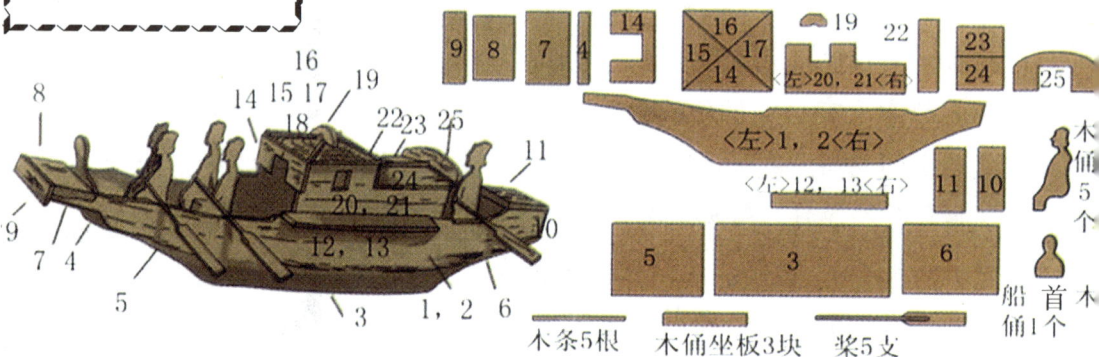

这只船上共有六个人，科学家按照这些人的身高比例推算，这只陶船所仿照的船大约有 20 米长、5 米高，能装载 5 000 千克左右的物品，这在当时可以说是中型的船了。

由于这只船整体是长条形，头、尾较窄，中部稍宽，船底较平，研究人员认为它是一艘在广州一带的河里航行的运输船。文献记载和考古发掘都表明，在 2 000 多年前，广州已经是我国重要的港口，船舶往来非常热闹。

1956 年，又在广州西汉末年古墓中发现一只木制船模，船底中部很平，两端翘起，船上有两个舱，船首有一个指挥的木俑，船前部有四个木俑持桨（划船），船尾有一个木俑持桨（掌舵）。

【开心动手】 做船模

先根据图纸放样，画好后找找身边的材料，比如冰激凌的盒子是防水材料，木片勺可以做橹和船桨……各种包装盒都可以利用，开心动手，乐趣无穷……

橹

橹，是在舵桨的基础上发展演变而来的。舵桨加长后操作方式从"划"演变为鱼尾式的"摇"，就产生了中国特有的"橹"。橹的操作方式极为合理，它利用杠杆原理，只要在橹的握手端施加不大的力、摇动很小的角度（再加上橹绳的借力），就能在橹的入水端产生很大的力并增大它的摆动幅度，如改变橹的角度扳动，还能起到船舵的作用，使船转向。船工术语中的"扳艄""推艄"，即是将橹侧过来"拉"和"推"，使船右转、左转的意思。

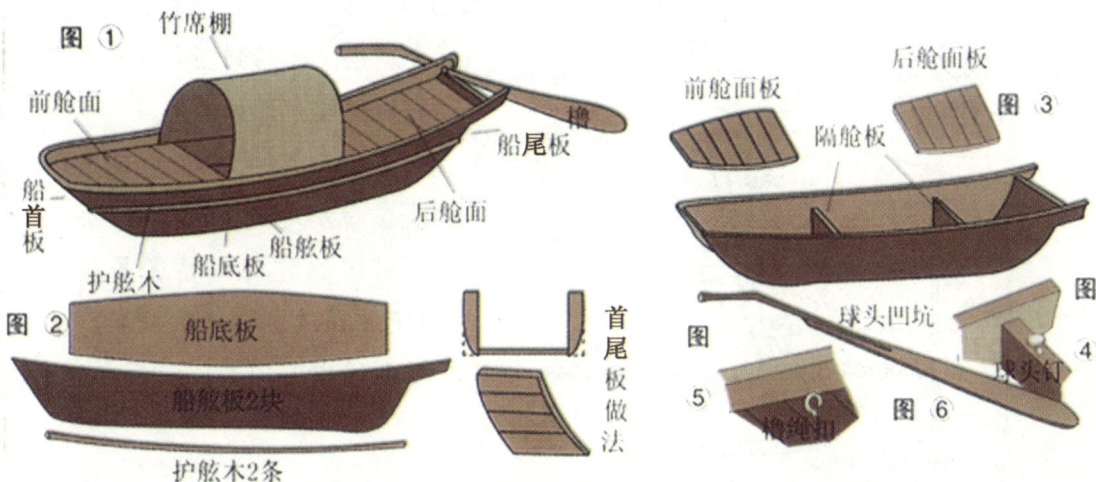

图① 竹席棚　前舱面　船首板　护舷木　船底板　船舷板　后舱面　船尾板　橹

图② 船底板　船舷板2块　护舷木2条　首尾板做法

图③ 前舱面板　后舱面板　隔舱板

图④ 球头凹坑　球头钉　图⑤　图⑥ 橹绳扣

"系石为碇" 的石船锚

时空 隧道

平衡舵 开孔舵

早期舵技术（约100年）中还包括更易使用的平衡舵（部分舵叶在舵位之前），直到1843年才首先被英国采用，差不多是1700年以后了。另一个海军技术"开孔舵"在13世纪时已普遍在中国船只上采用，而直到1901年才被引入到西方。开孔舵叶上的开孔不影响方向，但令船舵更易操作。后来这一创新使欧洲鱼雷艇可以在高速（约30海里）航行的情况下还得以使用船舵。

传入西方的 "开孔舵"

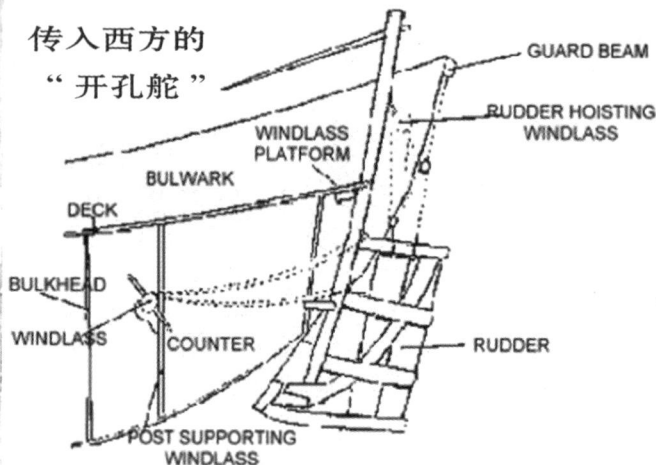

- GUARD BEAM
- RUDDER HOISTING WINDLASS
- WINDLASS PLATFORM
- BULWARK
- DECK
- BULKHEAD WINDLASS
- COUNTER
- RUDDER
- POST SUPPORTING WINDLASS

船在行进时，需要舵控制航向，而当船停下来时，又需要一种使其固定的器具，这就是锚。最早只能利用河岸边的树木、石块之类的自然物拴系船只。在河岸既无树木又无石块的情况下，人们埋置木桩用以系船。

随着造船技术的进步和航行范围的扩大，船只要在海上连续航行，不可能每天都靠岸，要自行解决固定问题，于是产生了人工制造的船锚。

古籍中有"系石为碇"一说。碇，是古人对石船锚的说法，即用绳索捆缚较大的石块放置船上，当船需要停泊时便把石块放到水底，开船时，再将石块提起来。不久，人们又用坚硬的木头制成带有爪的木锚，靠爪的抓力增加船停泊时的稳定。这只陶船船头系的就应是这种锚。至于金属锚，大约到距今1500年左右中国才开始使用。

使用船舵技术的最早记录在西方是在1180年。公元1世纪制作的以精密吊轴舵（使舵在浅水中能被提起）为模型的中国陶器已经存在。

农耕天下

在这个农耕大国里，男耕女织的图景维系了数千年……

"文景之治"

　　"文景之治"的"文"是指刘邦的儿子汉文帝，"景"是指刘邦的孙子汉景帝。在他们统治时期，社会经济由恢复而发展，物资丰富，人民生活安定，为封建社会的经济文化发展奠定了基础。

　　"文景之治"主要有这样两项社会政策：一是贵粟政策，就是老百姓可以用粮食向国家买爵位，也可以用粮食赎罪，这样国家的粮食就大大增加了；二是轻徭薄赋，比如田租先是减了一半，第二年全免，至景帝前元二年（前155年）才复收田租。这些政策鼓励生产，同时也安定了社会，增加了国力。

　　汉景帝在位时间比较短，只有16年。汉文帝时间较长，有23年时间。

　　周勃联合大臣和将军，粉碎了诸吕的篡权阴谋，安定了刘姓的天下。他和丞相陈平等在一起商量说："少帝刘弘不是惠帝的儿子，不应当由他来做皇帝；代王刘恒是汉高祖的儿子，皇位应当由他来继承。"于是他们就派人去迎接代王刘恒。代王刘恒谦让了一番，最后正式即位称帝，他就是史上有名的汉文帝。文帝元年是

前 179 年。

刘恒 8 岁的时候被封为代王，24 岁做了皇帝。他的母亲是汉高祖的妃子薄姬。薄姬因为害怕吕后，长期和儿子住在封地上，不管汉朝中央政府里的事情。

所以他们母子俩没有引起吕后的注意，没有受到吕家人的陷害。汉文帝做了皇帝以后，看到受战争破坏的农业生产还没有恢复起来，老百姓都很穷苦，政府想要收捐收税也收不起来，他想到首先要办的事情是恢复农业生产。春耕开始的时候，他亲自带着文武百官到首都长安的郊外去耕地、下种。他还叫皇后在皇宫的园地里种桑养蚕，为广大农民做出榜样。

汉文帝知道发展生产得由人去做，老年人生产经验比较丰富，小孩子长大了就是搞生产和当兵的主力，应当敬老抚幼。他在即位之初就下了一道命令，叫政府要关心无儿无女的老公公、老婆婆，关心没有父母的孤儿。政府借钱给这些可怜的人，解决他们生活上的困难。后来他又从政府的仓库里拨出一部分麻布、绸缎和丝绵来，分发给他们做衣服穿。汉文帝规定家里有 80 岁、90 岁以上老人的，可以减轻赋税负担。老年人牙口不好，政府按月发给老年人熬粥用的大米，还发给他们肉，使他们能够生活得愉快。

汉文帝实行的各项政策中，最受人欢迎的是减轻刑罚。他首先废除了一人犯法父母妻子同坐的法律，后来又规定了罚钱赎罪的法律，并且还废除了肉刑。

罚钱赎罪的法律是在张释之做廷尉的时候规定的。廷尉张释之严格执行这一条法律，连冲撞了皇帝圣驾这样的重大事件，也可以用罚钱来赎罪。有一次，汉文帝坐着马车外出巡视，当马车行经中渭桥的时候，突然有

休养生息

西汉前期的几个皇帝实行休养生息的政策，使农民得到了喘息的机会，能够安心地从事生产和提高生产技术，当时的农业生产有了很大的发展。

一个人冒冒失失地从桥下跑出来，惊吓了拉车的马，差一点把汉文帝从马车里摔出来。汉文帝十分生气，派兵捉住了那个冒失鬼，把他送到廷尉张释之那里去治罪。张释之仔细地审问了那个人，问他为什么要冲撞皇帝圣驾。那人回答说："我刚从乡下来到城里，听说皇帝出巡，街上禁止行人，我很害怕，就躲藏在桥下。我躲了很久，以为皇帝圣驾已经走过去了，我就钻了出来，谁知道一出来就正好碰见皇帝圣驾。我怕被卫兵捉住杀头，只好赶快逃走。哪里知道，我这一跑就会把马吓惊了呢？"

廷尉张释之认为这个乡下人说的都是实话，虽然他冲撞皇帝圣驾犯了大罪，但是他毕竟不是有意的，所以就判他罚钱赎罪。

汉文帝生气地说："这个家伙惊了我的马，幸亏马的性格比较温顺，若换了一匹烈性马拼命奔跑起来，把我摔下车，我的命不就完了吗？像这样严重的罪行，你这个管法律的廷尉只判他罚钱赎罪，这不是太便宜了他！"张释之从容地回答说："陛下订的法律是治理天下的，法律有这样的规定，就应当照着去实行。如果故意加重治罪，那就会使法律在老百姓中间失去了信用。陛下既然把这个案件交给我处理，我就要处理得公平，不能因为陛下受惊吓而把案子判重了。罪行有轻有重，轻罪重判，怎么能够叫老百姓服气呢？希望陛下平心静气地考虑考虑吧！"汉文帝听了张释之的辩解，说："廷尉说得对，乡下人胆子小，罚他一些钱，把他放了吧！"

汉文帝还规定老百姓有什么解决不了的困难，或愿意给皇帝提个合理建议的，可以给皇帝上书。汉文帝废除肉刑的法令，就是在一个叫淳于缇萦的小姑娘给他上书后颁布的。

汉景帝派大将周亚夫平定七国之乱以后，实行休养生息的政策，鼓励农民安心从事生产。他很懂得农业生产的重要性，认为只有农业生产搞好了，政府才能收到更多的赋税。他给地方官吏下命令说："黄金、珍珠、宝玉这些东西，肚子饿了不能当饭吃，身上冷了不能当衣穿，不如粮食、丝、麻这些东西实惠。你们做地方官的应当劝农民种好粮食和桑麻，使得老百姓有饭吃，有衣穿，政府能够收到更多的赋税。"

为了鼓励农民生产，汉景帝把赋税减到"三十税一"，就是农民生产的粮食，按三十分之一的比例交赋税。文帝和景帝时期，社会趋于稳定，生产力有很大发展，人民生活安定，所以历史上把国家稳定富强的时期称为"文景之治"。

男耕女织手工业

农业生产的发展，促进了手工业生产的发展。丝织、冶铜、漆器是西汉时期比较发达的手工业部门。新中国成立后，考古工作者发掘了一些西汉时期的古墓，出土的许多文物都说明了当时手工业和科学技术的发展，已经达到相当高的水平。

由于长期的战乱，西汉初期，人口稀少，生产遭到很大破坏，国家相当贫穷。经过几十年的与民休息，发展生产，国家才逐渐地富裕起来了。据说到汉武帝刘彻即位的时候，政府存钱和储粮的仓库都装得满满的。

钱库里积累的钱多得数都数不清，串钱的绳子都烂了。粮仓里的粮食，一年一年往上堆积，有些已经霉烂了。

【铁犁】

两汉（约前202年—220年）对古代中国农业的主要发展之一是铁制推板犁耙的使用。虽然铁犁可能在公元前4世纪就已经出现并得到中央集权的推广，但是在汉代才开始广为普及。

其中一个重大的发明是可调节的支柱，通过改变刀板与横梁的距离，可以精确地设置犁的深度。这项技术直到17世纪才传到英国和荷兰。

大铁铧犁

955年辽宁省辽阳市三道壕出土，1967年陕西省咸阳市窑店出土。

【织机】

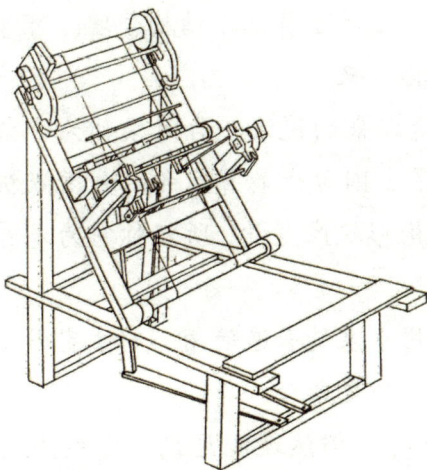

大约在春秋战国时期，我国已在手提综开口（原始腰机即属此类织机）的基础上，发明了脚踏提综开口的踏板织机，因织机的经面与水平机座呈50°~60°的倾角，故又称"斜织机"。

它在我国汉代已普遍推广，在中原农村较富裕的家庭中，大都使用了这种结构基本定型的斜织机。

【水碓】

汉代水碓（模型），西汉时出现的粮食加工工具。主要是为谷类去皮，以水为动力可带动四组碓头同时工作。

毕岚发明翻车、"渴乌"

翻车（龙骨水车）的发明，是我国劳动人民长期生产实践集体智慧的结晶。由于龙骨水车结构合理，可靠实用，所以能一代代流传下来。

"龙骨水车"是明清以来的说法，古时候称为"翻车""踏车""水车"，是我国古代最著名的水利灌溉机械之一。因为其关键结构形状像龙骨，所以称它为龙骨水车。

直到近代，随着农用水泵的普遍使用，它才完成了历史使命，悄悄地退出了历史舞台。

目前在江南广大乡村，仍然还能见到少量的龙骨水车。

龙骨水车约始于东汉，《后汉书·宦者传·张让》记载，"又使掖庭令毕岚作翻车渴乌，施于桥西，用洒南北郊路。"

据《后汉书》记载，这一灌溉机械是由东汉末年毕岚设计的。当时毕岚担任汉灵帝的"掖庭令"，专门负责宫廷手工制作。

为了解决皇城缺水问题，毕岚奉命制作了龙骨水车。但是，刚开始这一发明并未用于农业生产，而是被安置在洛阳一座大桥的西面，用来给市郊南北大道洒水。

【龙骨水车的结构】

龙骨水车是以木板为槽，尾部浸入水流中，有一小轮轴，另一端有大轮轴，固定于堤岸的木架上。用时踩动拐木，使大轮轴转动，带动槽内板叶刮水上行，倾灌于地势较高的田中。

后世又有利用流水作动力的水转龙骨车，利用牛拉使齿轮转动的牛拉翻车，以及利用风力转动的风转翻车。广东等地用手摇的较轻便，施于田间水沟，称"手摇拔车"。

三国时期，魏国工匠马钧认真研究了水车后，对水车进行了较大的改进，设计了一种新的灌溉工具——翻车，并把它运用到农业灌溉中。其结构是以木板为槽，尾部浸入水流中，有一小轮轴，另一端有大轮轴固定于堤岸的木架上。用时踩动拐木，使大轮轴转动，带动槽内的叶片刮水上升，倾灌于地势较高的田中。

【龙骨水车的动力】

龙骨水车作为灌溉机具现在已被电动水泵取代了，然而这种水车链轮传动、翻板提升的工作原理，却有着不朽的生命力。

根据动力的不同龙骨水车可分为：

龙骨水车

龙骨水车结构合理，链轮传动、翻板提升的工作原理，有着不朽的生命力。

现代的海岸、港口经常能见到的疏浚河道的斗式挖泥机，那一只只回转挖泥的泥斗，就是从水车的提水翻板脱胎而来的。因此一看到挖泥机，人们就仿佛见到了古老的龙骨水车。

拔车

踏车

牛转翻车

【人力龙骨水车】

人力龙骨水车适合近距离，提水高度在1～2米以内的平原地区使用，或者作为灌溉工程的辅助设施，从输水渠上直接向农田提水。用于井中取水的龙骨水车是立式的，水车的传动装置有平轮和立轮两种以转换动力方向。

人力龙骨水车起初由一人驱动，后来发展到多人驱动以及多个龙骨水车联合的水车。当然这种水车的主要动力是人力。唐宋以来农田灌溉、排水及运河供水中，龙骨水车是使用最普遍的提水机械，特别是南方大兴围田之后，对低水头提水机械的需求更加普遍，得到广泛的运用，直到现在，有些地方仍在使用这种龙骨水车。

【畜力龙骨水车】

畜力龙骨水车是在人力龙骨水车的基础上发展而来的。畜力龙骨水车的出现是龙骨水车的一个新发展阶段，畜力龙骨水车由于畜力较大，能把水汲上较大的高度，汲水量也较大，且省去不少人力，因此得到广泛运用。

【在农业生产中的意义】

在近代水泵发明之前，翻车是世界上最先进的提水工具之一，对灌溉农田、发展农业生产发挥了巨大的作用。在人类的发展史上，机械的发明就等于是用科技来推动文明的生活。其中最具代表性的就是中国古代的农民之宝——龙骨水车。龙骨水车是当时农民的生产工具。由于气候的变化导致旱灾，造成农作物损失，唯有龙骨水车能灌溉，保住农作物，是中国人民战胜旱灾的有效农具。

　　龙骨水车可以连续又快速地将低处的水，轻易且大量地提到高处，而这种连续式、用齿轮带动链条的省力方法，也是人类科技史上的一大突破。

赵过发明耧车·代田法

赵过，生卒年不详。他在汉武帝末年任过搜粟都尉，指导全国农业生产。他教会百姓耕种养殖。他的种田方法是三犁共用一头牛。

所谓三犁是指三脚耧，用一个人来赶牛，拉耧下种，一天能种一顷地。赵过还改进了其他的耕种方法。

赵过大力推广代田法。所谓代田法是北方干旱地区的一种耕作方法，在一亩地中做三个垄、三条沟，每条沟宽深各一尺，农作物种在沟内，沟与垄的位置逐年调换，所以叫代田法。

这种方法既可以抗旱保墒，也可以使地力得到休养。战国时代已有耕种低畦田的"畎种法"，赵过在畎种法的基础上发明了代田法。

赵过创制新农具，采用代田法，为农业生产的发展作出了贡献。

汉武帝晚年，后悔曾用兵出征讨伐，于是封丞相为富民侯。发布诏书说："现在的事情，就是要致力于农事。"他还任命赵过为搜粟都尉。赵过用代田法耕种土地，每年代换休耕，因此叫作代田。

以前，后稷耕地用两个耜（si），两人一组并组耕地，宽一尺、深一尺叫圳，长度则

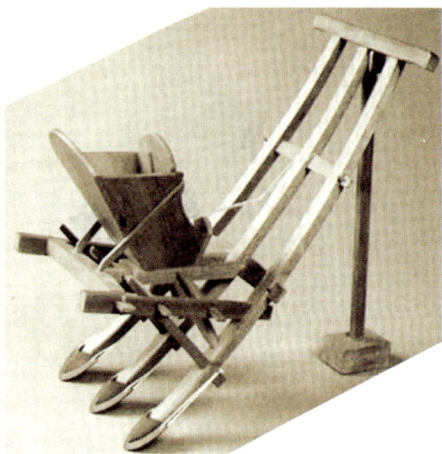

以一亩地之长为限。一亩有三条水沟，100亩有300条水沟，把种子播在水沟中。在苗生叶以后，要锄田埂上的草，田埂上的土因锄草而自动落到沟中去，这样便可以培土，有助于苗根生长，因此《诗经·小雅·甫田》中说："又除草又培土，黍子谷子长得茂盛。"

芸，就是除草培土促进苗根生长。说的是在苗稍微长大，每次除草就能给苗根培土，到了天气炎热的时候，田埂被锄平了，根也扎得深了，天旱时能耐风，因此很茂盛。

赵过创制的耕地、除草、下种的器具，都有方便灵巧的地方。通常12个人种1200亩地，也就是汉代的500亩地，用双犁并耕，需要两头牛13个人，一年的收成常常超过用一般方法耕种土地十斗以上。擅长这种方法的，就会得到加倍的收成。

赵过派人在太常、三辅所管的田中教授这种方法，大农令派会做种田器具的工匠奴仆和他一起参与这件事，为赵过制造种田的器具。郡守派县长、县令、乡官和善于种田的人接受这些新的种田器具，学习耕种和育

百科千星

kaixin100.net

★ 播种机 ★

"耧车"（播种机）将种子播种到统一的深度并将其覆盖。没有这个工具时用手播种，引起种子的浪费和低效及不均的生长情况。早在前2世纪，中国农民就已经在使用播种机。

在欧洲第一个这样的例子是在1566年向卡米洛·托列罗颁布的专利，但那还要等到19世纪中期才成为欧洲人普遍使用的工具。

创造·发现

"播种机"的意义是什么？

苗的新方法。农民有的苦于耕牛不足，不能及时耕地，无法赶上雨季的雨水浇灌，因此平都县令曾教农民用人力拉犁。赵过奏请用平都县令担任搜粟都尉丞，让百姓互相换工拉犁。

通常人多的，每天可种30亩，人少的13亩。因此许多土地都被开垦出来。

赵过用离宫的士兵耕种离宫内外墙之间的土地，试种得到的谷子都比它旁边的田一亩要多收10斗以上。皇帝下令受爵封的人要用代田法耕种三辅的公田，又教四周边境郡县和居延城的人用代田法。这以后，边境郡县、河东弘农郡、三辅、太常的农民都因采用代田法而得到好处，花的力气虽不少，但收获的谷子多了。

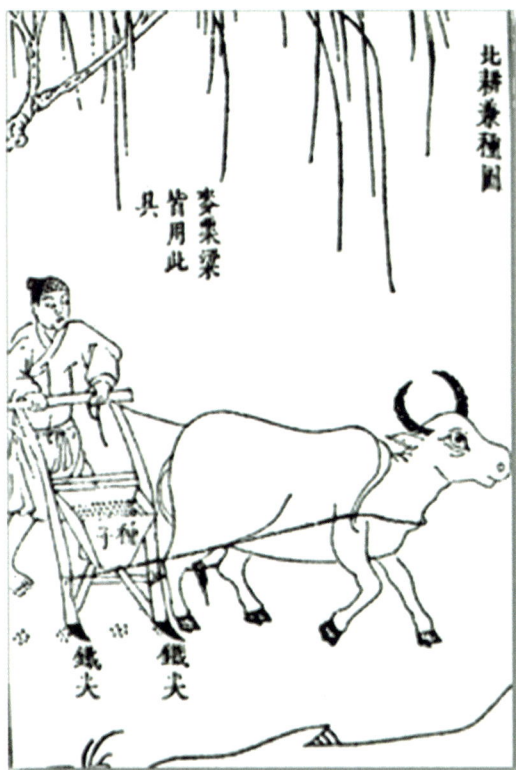

比耕兼种图

麦黍粱皆用此具

子种

铁犬 铁犬

王延世竹笼装石堵决口

　　温暖湿润的气候带来了充沛的降水，提供了丰富的水资源；而降水过多又会引起河流溢满，水灾不断，又迫使统治者不得不兴修水利，整治水患。

　　两汉时期是中国古代农业经济发展的黄金时期之一，无论是农业生产水平的提高，还是农业经济的繁荣，都取得了划时代的成就，而支撑起这些成就的都离不开水利建设。

　　汉代的水利设施有郑地白渠和龙首渠等，黄河流域以营建灌溉渠系为主，著名工程如漕渠、六辅渠、白渠等；江淮、江汉之间以修治天然陂池为主；东南以排水筑堤、变湿淤之地为良田为主；西北主要是利用雪水或地下水，修筑特殊的水利工程坎儿井。

　　数百年间，黄河几经泛滥，在农业立国的两汉，治理黄河成为当地官民生死存亡的要务。

　　汉成帝建始四年（前29），黄河又在馆陶一带决口，4郡32县受灾，淹没田地15万顷，冲毁房屋4万多所。御使大夫尹忠畏罪自杀。

　　朝廷到处寻找能治水患的人才，在资中（今四川资阳）找到了王延世，并授以河堤谒者官职，命令其主持堵口。

　　王延世不负众望，采用竹笼装石，"两船夹载而下之"的方法，只用了 36 天就将决口堵合。

河平元年，册封王延世为关内侯，拜光禄大夫，赐黄金百斤。

《汉书·沟洫志》对王延世堵口技术的记载比较明确，"以竹落长四丈，大九围，盛以小石，两船夹载而下之。"

竹落即竹络，即古代都江堰使用的竹笼块石。竹笼的尺寸长 4 丈，当年 1 尺合 0.24 米，4 丈约 9.6 米；大九围是指竹笼直径——九围的周长是 1.8 米，直径约相当 0.6 米。近代都江堰常用的竹笼尺寸为长 10 米，直径 0.6 米，与古制正合。然而并非巧合，实际上竹笼的尺寸主要依据施工工人体能所能承受的负荷来决定的，自然古今相去不远。

王景疏通汴渠

东汉初期，光武帝为了巩固政权，采取了一些缓和阶级矛盾的措施。他多次下令释放奴婢，禁止随便杀家人和虐待奴婢；把田租减轻到像西汉初年的"三十税一"。这些措施对于恢复和发展生产起到了一定的作用。

在剥削减轻的情况下，广大农民的积极性有所提高，他们披星戴月地辛勤劳动，经过几十年努力，把荒废了的土地重新开垦出来，种上了庄稼。黄河南北广阔原野增添了一座座新的村庄，到处出现了人丁兴旺、鸡啼犬吠的繁荣景象。

农业生产的发展，促使手工业生产也发展起来。冶铁是当时重要的手工业部门，铁制农具已经普遍使用。考古工作者曾发掘出来的东汉时期的铁制农具有犁铧、镰刀等多种。从四川一座东汉墓葬中出土的镰刀，全长达35厘米，是用来收割庄稼的。

农业和手工业生产的发展，使水利灌溉和航运也必须大大改进。西汉末年以来，由于战争和社会动乱，许多河渠塘堰破坏了，严重影响了农田灌溉和水路运输。为了解决这一问题，迫切需要兴修水利。东汉著名水利专家王景，在时代的需要下为整修河渠立了大功，获得了人们的称赞。

王景是朝鲜乐浪郡人，他的第八代以上的祖先是中国山东琅琊人，西汉景帝时候，为了躲避吴楚七国之乱，他家祖先才搬到朝鲜去的。传到王景这一代，因为他怀念父母之邦，喜好汉族的文化，怀着"树高千丈，叶落归根"的心情，又搬回故乡山东来了。

王景不但喜欢中国古代的哲学、天文、术数一类的科学，并且对于各种实用的工程、技艺和生产知识，特别是对于兴修水利工程很有研究。汉明帝在位的时候，浚仪渠（在今河南省开封市境内）年久失修，常常发生水灾，明帝让一个叫王吴的官员去负责修治。

王吴向明帝推荐王景参加这个工程。明帝接受了建议，叫王景去帮助王吴。王吴采用了王景提出来的"堰流法"整修浚仪渠，获得了很大的成功。"堰流法"就是根据地形的不同，采取不同的方法，把堵塞了的地方打通，使积水能够畅快地流过。这种因地制宜、实事求是的治水方法，是王景根据前人的经验总结出来的。

浚仪渠修好了，汉明帝很高兴，又叫王景去整修汴渠。汴渠西起河南荥阳，东到黄河入海处的千乘海口，流经豫州、兖州、青州等地区，长达一千多里，是这几个州的水路交通要道和重要的农田水利工程。从西汉时候起，因为黄河泛滥，水淹大梁（今河南省开封市），使得汴水东侵，河堤常常溃决，不仅失去了航运和灌溉的便利，并且使几个州的人民受害不浅。

人们多次要求东汉朝廷派人整修汴渠，无奈当地的郡县官吏只是说空话，并不见行动。他们向老百姓摊派修渠的捐款，可是收上去的捐款常常被用去兴办其他并不急需的工程，汴渠两岸的水灾问题一直解决不了。

永平十二年（69），汉明帝亲自召见王景，问他怎样才能把汴渠修好。王景根据自己所了解到的情况，提出了一个切实可行的修渠方案。明帝听了非常高兴，把古代流传下来的《山海经》《河渠书》《禹贡图》等珍贵的书籍赏赐给王景，叫他借鉴古人的经验，把汴渠治理好。

这一年夏天，王景从国库里领到了修渠的经费和器材，从豫、青、兖州调集了几十万民工和士兵，开始了规模巨大的修渠工程，亲自率领民工们测量地势，安排好施工的步骤。

王景以历史上的夏禹为榜样，常常不辞辛苦地到施工现场去跟民工们一起劳动，开山凿石，排除障碍，挖深河道，把长年淤积下来的泥沙掏干净。在地势较低的地方，加高加固堤岸，防治洪水。在干渠两边挖了许多支渠，既减轻干渠的负担，又便利农田灌溉。

在一千多里长的渠道中，每隔十里修一个水门，以便调节水的流量。上游天旱缺水的时候，可以把下游的水门关闭，迫使水位升高，渠水回流，适应航运和灌溉的需要。这种修渠方法完全符合科学道理，可以说是从夏禹治水以来，几千年兴修水利工程的经验总结。

汴渠沿岸的老百姓，积极支援修渠工程。他们给民工和士兵送茶送水，踊跃地捐赠扁担箩筐，为修渠工程作出了很大的贡献。汴渠的整修工程整整进行了一年，

第二年夏天洪水到来之前，工程完工了。

明帝刘庄带着文武大臣亲自来视察竣工后的渠道，召见了沿渠的郡县官吏，规定以后沿渠郡县必须设置专人负责维修，哪一段因为管理不善而出了问题，就要处罚当地的官吏。

明帝还下令奖赏修渠人员，王吴和其他修渠有功人员全都升官一级，王景是工程的主持人，功劳最大，连升三级，提升为侍御史。

一年工夫整修好了一千多里长的渠道，这在当时确实是一项巨大成就。为什么能够取得这样大的成就呢？除了王景本人的技能和努力以外，当时的社会条件也起到了相当大的作用。

修渠使用了大量的铁制工具，应用了当时已经相当发达的测量技术，特别是吸取了从战国以来我国劳动人民长期积累起来的丰富的修渠经验。东汉以前，我国劳动人民已经开挖了许多河渠，著名的有郑国渠、西门豹渠、白渠等。人们开挖和修理这些河渠，积累了丰富的经验。

王景很好地吸取了前人的经验，又根据实际情况大胆地创造革新，因而获得了巨大的成就。

丝绸之路

　　大约在前 5 世纪，我国丝绸就开始西传，陆续远销到希腊、罗马和印度。约从前 4 世纪起，希腊、罗马便称中国为"赛里丝"，意即丝绸之国。但丝绸大量西传，则是丝绸之路开辟以后的事……

汉服和华夏文化

北方人经常嘲笑上海、苏杭等吴语区的人"华人"的"华"和"夏天"的"夏"不分，都读作"哦呜"（óu）——现代普通话里没有这个音。其实，"华"和"夏"上古时同音，都读作 óu（浊音），吴语、闽、粤语等长江流域、珠江流域的南方方言里都保留了大量的古音。"夏"字是头戴高帽、身穿华服的人，衣冠一体，"华夏"两族早就融合为一家人了。

衣 金文　　丝帛

先秦两汉时期，人们通常用"衣冠"来指称华夏之服，故而中国享有"衣冠古国"的美誉。"汉服"一词的记载最早见于《汉书》："后数来朝贺，乐汉衣服制度。"这里的"汉"主要是指汉朝，是指汉朝的服装礼仪制度。

我们历来以"华夏民族"自称，也以"华夏"而自尊自信，那么，我们为什么叫作"华夏"？《尚书正义》注："冕服华章曰华，大国曰夏。"《左传·定公十年》疏："中国有礼仪之大，故称夏；有章服之美，谓之华。"

有人说，如果不能展现我们的民族服饰之美，我们将愧对于"华"字；不能展现我们的民族礼仪，我们将愧对于"夏"字。中国自古就被称为"衣冠上国，礼仪之邦"。

所以，我们不能不重视我们的衣冠，不能不重视我

们的礼仪。只有这样，五千年的华夏文化才能充分体现出来。

深衣创始于黄帝轩辕氏时代（有非常确切证据的也可以追溯到商朝），一直到明朝结束，都是中华民族服饰中最主要的一种；深衣不是某个朝代的服饰，也不是56 个民族中某个民族的服饰，在《礼记》中专门有《深衣》一篇加以记录。因此，只有深衣足以代表华夏的服饰传统。

汉代男子的服装样式，大致分为曲裾、直裾两种。曲裾，即为战国时期流行的深衣，汉代仍然沿用，但多见于西汉早期。

到东汉，男子穿深衣者已经少见，一般多为直裾之衣，但并不能作为正式礼服。秦汉时期曲裾深衣不仅男子可穿，同时也是女服中最为常见的一种服式，这种服装通身紧窄、长可曳地，下摆一般呈喇叭状，行不露足。

衣袖有宽窄两式，袖口大多镶边。衣领部分很有特色，通常用交领，领口很低，以便露出里衣。如穿几件衣服，每层领子必露于外，最多的达三层以上，时称"三重衣"。

另外，汉代窄袖紧身的绕襟深衣，衣服几经转折，绕至臀部，然后用绸带系束，衣上还绘有精美华

开心ⓔ百科
www.kaixin100.net

汉服"深衣"内涵

深衣是最能体现华夏文化精神的服饰。深衣象征天人合一、恢宏大度、公平正直、包容万物的东方美德。袖口宽大，象征天道圆融；领口直角相交，象征地道方正；背后一条直缝贯通上下，象征人道正直；腰系大带，象征权衡；分上衣、下裳两部分，象征两仪；上衣用布四幅，象征一年四季；下裳用布十二幅，象征一年十二月。

身穿深衣，自然体现天道之圆融，怀抱地道之方正，身合人间之正道，行动进退合权衡规矩，生活起居顺应四时之序。因此，深衣作为华夏民族的礼服具有代表性。

【时空隧道】

"深衣"的影响，不仅在中国，而且影响到东方很多国家。仅从服饰而言，日本的和服、韩国的韩服，都是源于华夏服饰。比如，日本、韩国、越南等国家，由于历史上属于中华文明圈，所以他们的服装也是交领右衽，宽袍大袖，与我们一样，体现了东方文明的一致性和华夏民族当年的精神影响力。

但日本、韩国、越南等国家却是在宋明时代奠定其服饰形态的，所以他们的服装用古代的术语叫做直身（也叫直裰、道袍），与华夏深衣属于同源而异流。

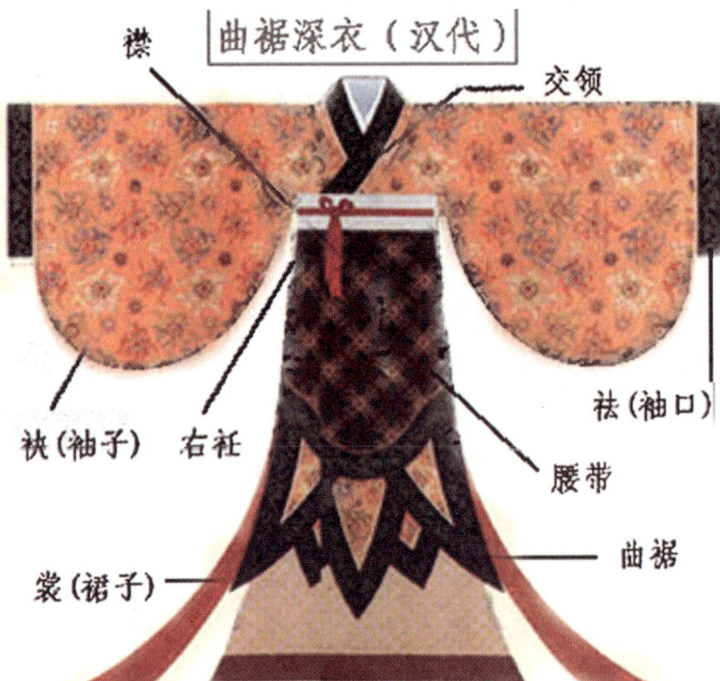

丽的纹样。

汉代的直裾男女均可穿着。这种服饰早在西汉时就已出现，但不能作为正式的礼服，原因是古代裤子皆无裤裆，仅有两条裤腿套到膝部，用带子系于腰间。

这种无裆的裤子穿在里面，如果不用外衣掩住，裤子就会外露，这在当时被认为是不恭不敬的事情，所以另外要穿着曲裾深衣。

以后，随着服饰的日益完备，裤子的形式也得到改进，出现有裆的裤子（称为"裈"）。由于内衣的改进，曲裾绕襟深衣已属多余，所以至东汉以后，直裾逐渐普及，并替代了深衣。

曲裾深衣（汉代）

襟
交领
袂（袖子）
右衽
祛（袖口）
腰带
裳（裙子）
曲裾

丝绸和织机

我国是丝绸之路的故乡，中国的丝绸闻名世界。早在前2 000多年前的黄帝时代，我国就有关于蚕丝的故事传说，在古代的器物和文献中都有关于蚕丝的丰富记载。

在商代（前16—前11世纪）的甲骨文里，已经出现蚕、桑、丝、帛等象形文字，在商代古墓中也发现了用玉石雕成的形态逼真的玉蚕和精制的暗花绸（古代称绮 qǐ）以及绚丽的刺绣残片。这说明，当时我国已掌握了相当成熟的丝织技术，并使用了织机，出现了提花装置。

到了西周时期（前11世纪—前771）蚕丝和丝绸的生产有了进一步的发展，在《诗经》《尚书》《左传》《国语》等大量古代文献中，关于蚕丝和丝织的记载更是不胜枚举。当时不仅丝绸产地十分广泛，而且花色品种也丰富多彩，除了帛、素、锦、乡、彩之外，还出现了缦、绨、缟、纨、纱、琥 hǔ、绉、絺 chī、纂、绮、罗等十多个品种，制作工

艺已发展到了相当高的水平。

到了西汉时期 (前 206—前 25)，丝织业得到进一步的发展，全国有许多著名的丝绸产地。在汉代的丝织品中，尤以"织锦"最为著名。"锦"是五色缤纷的多彩丝织品，代表了汉代丝织物的最高水平，织锦的图案多以栩栩如生的动物和流动自如的云气为主，构图丰富严谨，都是利用多种彩色的经丝织成的，反映了汉代丝织技术和生产工具有了很大的进步。

1972 年，长沙马王堆西汉墓出土的丝织品多达 100 多件，有的纱料质轻而薄，一件素纱单衣还不到一两重 (仅重 49 克)。由此可以看出汉代丝绸的制造技术都达到了很高水平。

西汉时期丝织品的生产和质量的显著提高，花色品种繁多，是同当时织机的改进和提花机的发明分不开的。到了东汉时期，织机已普遍采用了脚踏板，比欧洲脚踏织机的使用早了 1 000 多年。

张骞和丝绸之路

前 138 年，汉武帝派张骞出使西域。张骞率领 100 多人，从陇西（今甘肃临洮南）出发，前往大月氏（zhī）（古代西北民族名，后西迁至中亚），历经千辛万苦，于前 126 年回到长安，向汉武帝报告了出使情况和所见所闻。

前 119 年，张骞率领 300 人，再次出使西域，他们每人都准备了两匹马，而且还赶着上万头牛羊，携带大量金币、丝绸，价值数千万。这不仅是汉朝同西域各国人民的友好往来，而且是一次规模盛大的物资交流活动。

前 115 年，张骞回到长安。随后，大宛（yuān）（在中亚费尔干纳盆地）、安息（即波斯，今伊朗）等国也遣使随同汉朝副使前来长安答谢。

张骞两次出使西域，开辟了横贯亚洲内陆的东西交通要道。他出使西域时，先是出玉门关，沿着天山山脉南麓西行，绕道大月氏，然后沿着昆仑山山脉北麓东进，返回长安，从此形成了天山南麓和昆仑山北麓两条通向西域的交通干线。

在汉代，称天山南麓的道路为北道，昆仑山北麓的道路为南道，又称南路和北路，或称天山南路和天山北路。其实，两条道路都在天山以南，天山以北的道路是以后开辟的。南北道路分行的主要原因，是为了绕开横卧在昆仑山和天山之间的塔克拉玛干沙漠，南道在沙漠以南，北道在沙漠以北。

汉代通往西域，由长安出发，沿着河西走廊西行，经过武威、张掖、酒泉，到达敦煌。这是南北道的分起点，也是商旅、货物的聚散之地。

北道从敦煌西边的玉门关出发，沿着天山南麓西行，经车师前王庭（今新疆吐鲁番）、焉耆、龟兹（qiú cí）（今新疆库车东），到达疏勒（今新疆喀什）。翻越葱岭（今帕米尔高原），经大宛、康居（今巴尔喀什湖和咸海之间），再沿妫水（guī）（今阿姆河）向西北进，到达奄蔡国（今里海、咸海北），或从康居国都贵山城（在中亚撒马尔罕）西行，经木鹿（在土库曼），到达安息国都番兜城（今伊朗达姆甘附近）。

南道从敦煌出发，经阳关，沿昆仑山北麓西行，经鄯善（即古楼兰，今新疆若羌）、于阗（tián）（今新疆和田）、莎车，到达疏勒，与北道会合。南北两道在疏勒会合后，又分道扬镳了。

北道向西北延伸，南道或由疏勒向西南行进，到大月氏；或由疏勒经莎车西行至蒲犁（今新疆塔

开心e百科
www.kaixin100.net

丝绸之路 （Silk Road）

用 Silk Road 来形容古代中国与西方文明交流，最早出自德国著名地理学家李希霍芬 1877 年所著的《中国》一书。由于这个命名贴切写实而又富有诗意，很快得到学术界认可，并风靡世界。

从西汉张骞三通"西域"（帕米尔高原东西），到东汉使节甘英出使大秦（古代罗马帝国），从唐初著名高僧玄奘西游印度，到明朝郑和七下"西洋"，遍访马六甲、波斯湾、红海乃至非洲东海岸，中华民族先人前赴后继，开辟了源远流长的中西文化交流的"丝绸之路"，向世界各地传播着中华文明。

最初，"丝绸之路"只是指从中国长安出发，横贯亚洲，进而连接非洲、欧洲的陆路通道。其后，又有了绿洲道、沙漠道、草原道、吐蕃道、海上道等提法。"丝绸之路"的含义被不断扩大，被人们看作是东西方政治、经济、文化交流的桥梁，到今天，"丝绸之路"几乎成了中西文化交流的代名词。

尔库什干），然后越过葱岭，经休密（今阿富汗瓦汉山），到达大月氏的国都蓝氏城(巴尔赫、今阿富汗北部瓦齐拉巴德)。

从这里继续西行至木鹿，再度与北道会合后到达番兜，南北两条干线之间，有若干支线相连接。疏勒和木鹿，都是南北两道的交通枢纽。

南道和北道在木鹿会合后，横越安息全境，途经番兜、阿蛮国（今伊朗哈马丹），到达安息的西部重镇泰西封和塞琉西亚（均在今伊拉克巴格达东南）。从这里通往罗马帝国的道路比较多，主要干线是从泰西封或塞琉西亚沿底格里斯河向西北行，经塞佛之昂（今叙利亚腊卡），然后西行到罗马帝国的东都安都城（今土耳其安塔基亚）；或由塞琉西亚渡幼发拉底河西行，经巴尔米到达罗马帝国在地中海东岸港口的西顿、提尔。

张骞开辟东西陆路交通之后，汉朝使者和商旅不断前往西域进行政治和贸易活动，同时西方的商旅也跋山涉水，

张骞出使西域路线图

67

接踵而来。从此，东西方的经济文化交流出现了盛况空前的繁荣局面。

班超再通西域

张骞死后，汉朝还经常派使者前往奄蔡、安息、条支（即大食，在今伊拉克）、身毒（今印度）。大批的中国丝绸通过横贯亚洲内陆的东西交通要道，源源不断地运往中亚、西亚和欧洲。因此，这条交通要道成为丝绸之路而闻名于世。

到西汉未年，匈奴重新强大起来，并逐步控制了西域一些地区，使丝绸之路一度中断。

73 年，东汉政府派班超出使西域，班

"五星出东方利中国"

1995 年新疆民丰县尼娅遗址 1 号墓出土，原件是汉代织锦护膊（护臂）现藏新疆考古研究所。这件织锦护膊青底白色赫然织就八个小篆文字："五星出东方利中国"，令世人震惊，被定为国宝级文物。由于此次考古发现，很多人认为：五星红旗今天飘扬在中国是天意。

这件文字织锦采用五重平纹经锦织法，经密 220 根/厘米，纬密 24 根/厘米，宝蓝、草绿、绛红、明黄和白色等五组色经根据纹样分别显花，织出星纹、云纹及孔雀、仙鹤、辟邪、虎等禽兽纹样，纹样题材新颖、风格别致；每组花纹循环为 7.4 厘米，上下两组循环花纹之间织出"五星出东方利中国"小篆文字。

超在西域艰苦经营 30 多年，在西域各族人民的支持下，使混乱割据的西域逐渐稳定下来，并恢复了汉朝在西域的统治，使丝绸之路重新畅通。

东汉时期，丝绸之路沿线各国逐渐发展了有效的交通网。三国时期（220—280），丝绸之路又有了新的发展，以后各代丝绸之路又经历了一些变化，到唐朝（618—907），在丝绸之路主要干线外，还开辟了很多的支路，南北交通更加发达。但是，自从 8 世纪初海上航路日益发达之后，西方商人逐渐改为海上航路来中国，陆上丝绸之路已有衰落的趋势。

到了 15—16 世纪，从欧洲到东方有新航路发现，这条曾经为世界古代文明与进步立下丰功伟绩的陆上丝绸之路，终于变成了中西人民世代友好往来的历史遗迹。

丝绸之路是古代沟通我国与中亚、西亚、印度以及欧洲的友谊之路。丝绸之路开辟后，我国同这些地区坚持贸易和友好往来，促进了彼此之间的相互了解和交流，而且丝绸之路也成了东西方经济文化交流的桥梁。

通过这条丝绸之路，我国的育蚕、缫丝、造纸术、火药、印刷术等重大发明和许多先进技术相继西传；同时这些地区的先进生产技术和丰富物产也陆续传到了中国。丝绸之路的开辟和发展，促进了中西各国文化艺术的交流和融合。

前 221 年，秦始皇建立了中国第一个统一的多民族封建国家。秦朝的疆界东到大海，自北向南分别是渤海、黄海、东海、南海，这就为航海业提供了极为有利的条件。所以，我国古代造船业在秦汉时期达到了第一个高峰。

徐福率童男童女东渡日本表明我国在秦代时的航海能力居世界领先地位。他们把中国的先进文化和生产技术带到日本，使日本结束了渔猎生活，开始了农耕生活。

秦始皇曾组织五次大规模海上巡游。如果没有比前代更发达的造船技术，航海是不可想象的。可以说，秦朝开创了我国造船和航海业，汉代又得到了长足发展。

时空隧道
www.flyark.info

楼船海上丝绸路

楼船一度作为"楼船水军"的代称，也是对大型战船的通称。"楼船"的出现，标志汉代造船技术已达到当时世界的最高水平。

西汉时期国势强盛，社会经济得到长足发展，特别是汉武帝统治时，为了统一沿海地区，发展近海与远洋的交通贸易，大力加强造船业，建立了强大水师，而且组织多次巡海航行。

前120年，汉武帝下令在长安城西南扩建方圆40里的昆明池，在池中建造"楼船"。

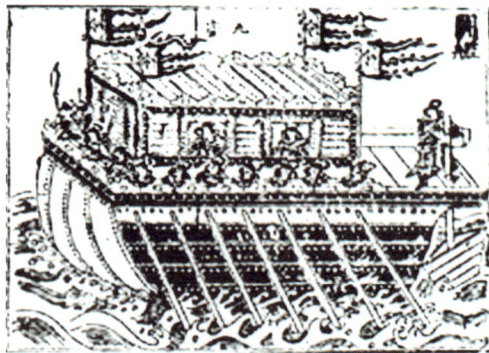

顾名思义，楼船就是在船上能建高楼。一艘楼船高十余丈，分三层，每层都有防御敌方射来的弓箭、矢石的矮墙，矮墙上有用作发射弓弩攻击敌方的窗孔。楼船上设备齐全，使用纤绳、橹、楫，四周插满战旗，刀枪林立，威武雄壮。

汉武帝以强大的水师，完成了对许多地方封建割据政权的统一，巩固了海疆，为东南与南方沿海航路的畅通打下了基础，从而开辟了海上丝绸之路。

过马六甲渡印度洋到欧洲

汉代的海上丝绸之路是我国的船经过南海，通过马六甲海峡，渡过印度洋，到达欧洲。中国的丝绸、瓷器等通过这条通道转运到罗马，从而加强了中国同欧洲各国人民的友好往来。

经过汉初的休养生息和"文景之治"，到汉武帝时，汉朝臻于鼎盛，东西方交通循西北陆路和东南海路同时展开。

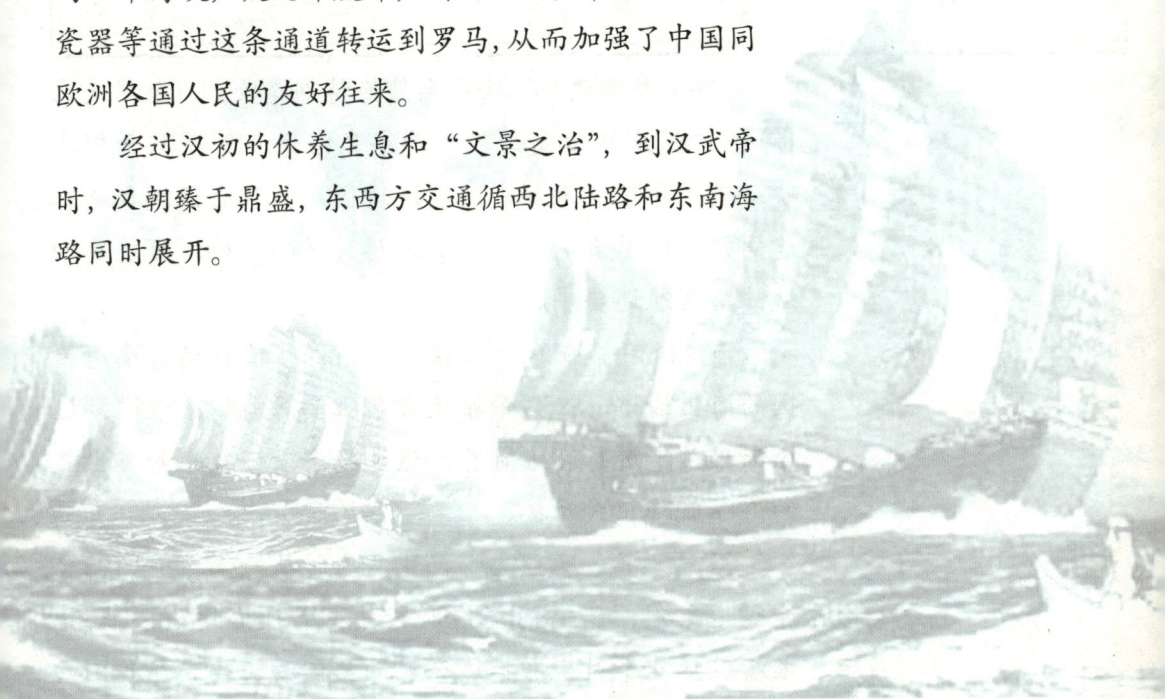

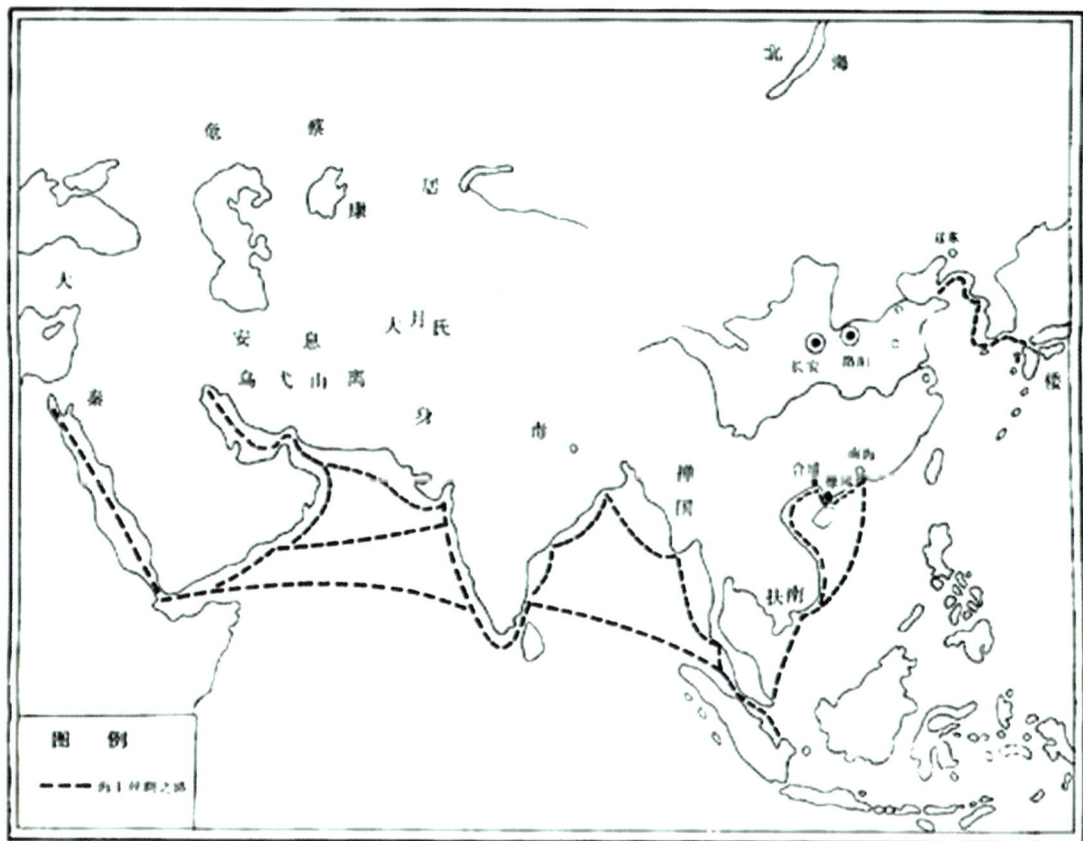

"海上丝绸之路"从东南沿海特别是交州（今越南北部）、广州地区出发，循中南半岛沿海，穿过马六甲海峡，进入印度洋沿岸和波斯湾地区，与陆上丝绸之路殊途同归（有学者认为，南海海路交通的开辟，可能比西域陆路交通还要早）。

前111年，汉朝平定南越，打通了直接通往南海诸国的海上通道。汉武帝派使者前往南海海域，最远到达今斯里兰卡进行官方贸易，这也标志着连接东西方世界的海洋航路正式对接。

据《汉书·地理志》记载，当时从岭南、徐闻、合浦等地乘船，沿着海岸线航行，5个月可到马来半岛；继续航行4个月，即抵达今天的泰国西海岸；在泰国西岸和缅甸东南岸航行 20 余日后登陆，再步行 10 余日，到达缅甸西南部；再从那里坐船航行约 2 月余，就能抵达黄支国。

黄支国，今东印度南部海岸康契普腊姆（Conjevaram），也就是《厄立特利亚航海记》提到的印度东海岸著名商港波杜克（Podo-uke）。该港在前 1 世纪后半叶至 2 世纪末成为印度与罗马海上贸易的中心。

据中国史籍记载，这个国家民俗与海南差不多，户口众多，多异物，所产珍珠大至 2 寸。前 1 世纪以后，黄支国与汉朝开始有交往，汉朝曾派出翻译，与应募者入海，运载黄金、杂缯前往黄支国，交易明珠、璧、琉璃、奇石和其他珍异物品。

1945 年，英国考古学家惠勒（M.Wheeler）和印度考古学家对该遗址进行大规模发掘，发现了由罗马人、叙利亚人、埃及人等经营的货栈商行和染制木棉的染坑，出土了希腊的安佛拉式罐、罗马的阿雷蒂内式陶器、玻璃器、绿釉陶片、钱币、印度香料、宝石、珍珠、薄棉轻纱，以及刻有古泰米尔语题名的陶器等遗物。

西汉东汉之交，外国商人、使节沿着斯里兰卡至中国的海上航线，往来于东南沿海地区，并进入内地。159 和 161 年，来自印度的使节两次从海路前来中国。

叙利亚人冒充古罗马使团

166 年，大秦王安敦（即古罗马的马可·奥勒略·安东尼诺皇帝，Marco Aurelio Antonino）派使团由海路来到汉朝，并贡献象牙、犀角、玳瑁等。不过，没有任何一件拉丁语文献记载此事。

这些"使节"所携带的礼品，既与杰出的大秦王安敦的身份不相称，象牙、犀角、玳瑁等"土特产"也不是罗马文化的产物。

许多研究东西方关系的学者都怀疑这个使团不是由罗马皇帝所派遣的，而是地中海东岸地区的精明商人冒充罗马帝国使者前来中国。

这些商人可能是长期在提洛港、西顿港做生意的叙利亚人，他们的经商天才一点都不亚于希腊人，冒充的目的无非是为自己的生意打开方便之门，捞取好处。

他们携带的那些"礼品"，大概是在东南亚某个热带国家的市场上买到的。不过无论如何，这时东西方的海路通道已经对接，这是毫无疑问的。

陶文、甲骨文、石鼓文、钟鼎文、竹简、绢书、砖刻、瓦当文字、篆刻印章，印玺文字有金印、银印、铜印、玉印等……

除了"水和空气"，古人几乎在所有的材料上都做过书写实验。"纸"的发明，使人类文明跨入了一个新的时代……

汉隶和汉简是汉代书法的两座艺术高峰，"隶变"使汉字基本定型，并推动书法艺术蓬勃发展……

纸上汉字

汉代定型中华文字

书法最早的功能是实用，说白一些就是"写字"。随着中华文字的发展，写字带有了艺术性，直至成为一门专门的艺术——书法。

汉代的书法正处于实用性向艺术性演变的过渡期。西汉时，书法中隶体的成分进一步增加。长沙马王堆出土的西汉帛画《老子甲本》已有了明显的隶意。

汉代书法之源，来自隶书的发明者程邈。虽然程邈是秦代人，但隶书直到两汉才进入大盛时代。

程邈当时是隶人身份，所以这种字体就叫隶书。秦代以小篆为主，隶书一经创制出来，立刻受到普遍欢迎，很快就被推广开来。到了汉代，虽然仍沿用小篆，但占统治地位的字体已是隶书。

程邈创隶书是一个传说，是不是真有一个叫程邈的人，并由他创造了隶书字体，现在学术界还有争议，但主流学者认为，隶字萌芽于古，使用于秦，程邈做了整理工作。

文字学家把隶书形成的变化过程叫"隶变"，定型于西汉、东汉之际。"隶变"是汉字书法发展史上最了不起的伟大变革。

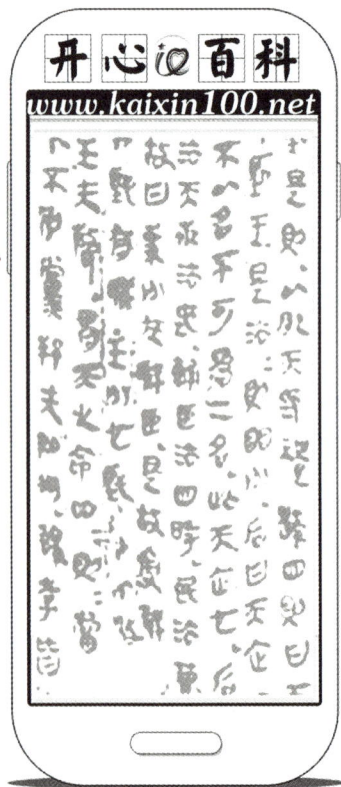

西汉帛画《老子甲本》

汉字是从象形开始创造和发展的，它离不开象形的意义，所以形体无定，笔划无定。小篆产生后，汉字定型化、符号化，笔画圆匀，但仍有很大的象形成分。隶书发明后，把篆书笔画逐渐方正平直化，小篆中的象形遗意逐渐消失，与我们现在的汉字已非常接近了。

汉代是隶书大盛时代，但在同时也产生了行书、草书。从出土文物看，草书的出现最早可以排到西汉时期，所以前人有"汉兴有草书"之说。

西汉的书法家史游是当时草书写得最好的，以至有人认为他是草书的发明人。

行书在东汉时发明，写得最好的是东汉之末的书法家刘德升。楷书在汉代也有了萌芽，许多笔划已具备了楷书的标准形状。

汉代还有两种书法形式为后人所重视，这就是瓦当文字和印玺文字。瓦当俗称为瓦头，是房顶瓦片垂下的那部分。瓦当最早用在西周，秦汉时最盛行。秦代瓦当多花纹，汉代瓦当布局完美，文字有隶、楷，而以篆字最多。瓦当文字的丰富艺术可以直接作为篆刻印章艺术，也可以作为篆字书法的一种样式提供借鉴之用。

印玺文字也就是我们现在常说的印章。印章在战国时期就被广泛应用，到了汉代，印章大盛，后世各代，也超越过其顶峰。汉印印标多样，有金印、银印、铜印、玉印等，所用文字有小篆、缪篆、鸟虫书等。

（瓦当文字）

写在竹木片上的汉简

汉隶之外，汉代书法蔚为大观的是汉简。汉简是写在竹片上或木片上的，所以又叫木简。

与汉末众多字体表现出的艺术倾向不同，汉简的倾向是注重应用性，它被普遍作为艺术典范来临摹是后来的事。

原来，在我国秦汉时期，人们把竹子或木板劈成长条的竹片和木片，经过刮削修整，在上面书写或刀刻文字。这就叫竹简和木简，木简也叫木牍。文字写好后，再用绳子把它们串联起来，这就叫"册"，被人们捧在手上阅读。

在东汉蔡伦造纸之前，竹木简是我国人民使用的两套书写工具。105 年以后，随着蔡伦造纸技术的逐渐推广，纸才逐步取代竹木简成为主要的书写工具。

竹木简总称为汉简，在整个汉代四百多年（前 206—220）中，用纸作为主要书写工具的时间只占四分之一，而竹简和木简的历史则占四分之三。由于竹简和木简上的文字都是当时的人书写的，因而它就为我们提供了极其丰富、宝贵的汉代和汉代以前的资料，对研究汉代历史具有重大的资料价值。

作为一种书法艺术形式，汉简书法直接继承了秦隶的传统，写得浑厚质朴而又仪态万千。

竹简和木简作为一种书写材料，汉以后就很少使用了，而且竹木简不易保存，我们现在所见到的汉简，都是考古工作者从地底下挖掘出来的。

山东临沂银雀山是一个著名的汉简出土地，1972年在这里发掘出汉简约五千枚。与居延汉简不同，银雀山汉简是竹简，内容有《孙子兵法》《孙膑兵法》《六韬》《尉缭子》《管子》《晏子》《墨子》等大量先秦诸多著作。

这些汉简都是第一手资料，所以更正了后世许多错误，比如许多学者都认为历史上只有《孙子兵法》而无独立的《孙膑兵法》，银雀山汉简出土解决了这个问题。

1930年，考古工作者在甘肃省居延发掘了约一万枚刻有文字的木片。1972—1976年，考古工作者在这里又发掘了约两万枚木片。居延汉简数量之多，举世无双。这些汉简出土地是汉代烽火台遗址。这么多的汉简没有被毁于战火和自然灾害而被保存下来，这本身就是一个奇迹。

书法理论著作的出现是书法艺术成熟的重要标志，汉代书法界出现了这方面的专门著作，目前已发现的是东汉崔瑗的《草书势》和蔡邕的《笔记》两部著作，对后代影响都很大。

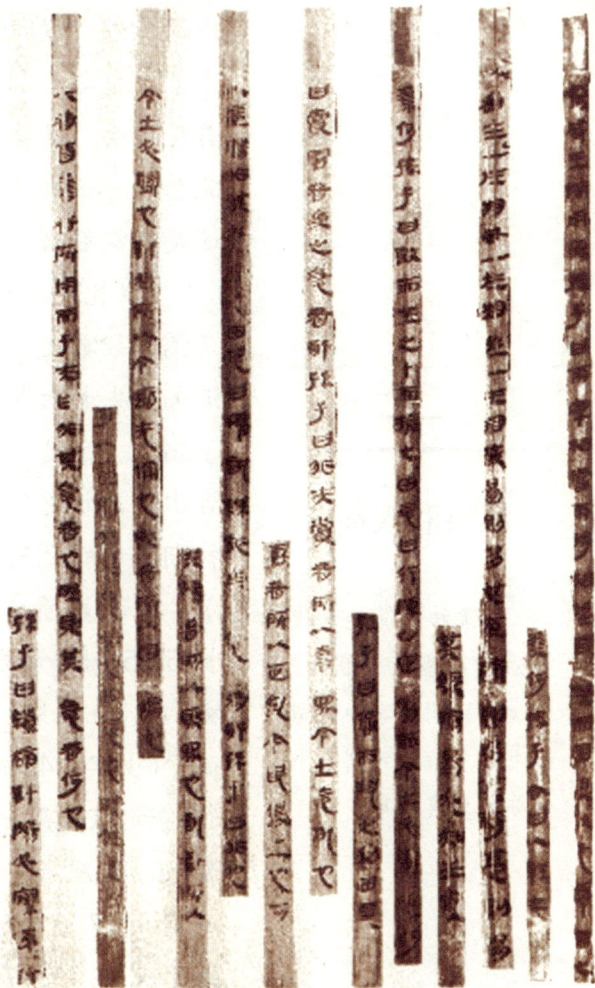

银雀山汉墓出土《孙子兵法》

武威《仪礼》简

1957 年 7 月间，在甘肃省武威市凉州区城西南 15 千米处武威汉墓群出土了 480 枚木简，其中 469 枚为《仪礼》简。这批简出土时极少有破损的残简零札，是九篇共计 27 298 字完整的《仪礼》文章。简文用毛笔所书，大多墨迹如新。每篇文章首尾俱全，保存了原书篇题、页码和顺序，像这样完整的《仪礼》简是迄今出土汉简中空前的发现，这是西汉经书的样本，不愧是天下第一简。

《仪礼》简称《礼》，亦称《礼经》或《士礼》，是儒家经典之一。它是春秋战国时代一部分礼制的汇编，共十七篇。有人说是周公所作，有人说是孔子删定。近代有人根据书中的丧葬制度，并结合考古出土器物进行研究，认为《仪礼》成书当在战国初期至中叶之间。

这批木简共分三本，甲本木简宽 0.75 厘米，长 55.5—56 厘米，约合汉代二尺四寸，内有七篇文章：《士相见》16 简，《服传》57 简，《特牲》49 简，《少牢》45 简，《有司》74 简，《燕礼》51 简，《泰射》106 简，共 398 简；乙本木简宽 0.5 厘米，长 50.05 厘米，约合汉尺二尺一寸，只有《服传》一篇共 37 简；丙本竹简宽 0.9 厘米，长 56.5 厘米，近于汉尺二尺四寸，仅《丧服》一篇 34 简。

从三本不同《服传》和《丧服》篇比较中可以

汉隶和汉简

汉隶和汉简是汉代书法的两座艺术高峰，汉隶将我国汉字的定型和书法艺术带入到一个崭新的发展阶段。

判断出其抄写时代可能在西汉中晚期，它们都是当时经师诵习的本子。这是目前所见《仪礼》的最古写本，对于研究汉代经学和《仪礼》的版本、校勘提供了重要的第一手材料。中国科学院考古研究所派出了著名的历史学家、古文字学家、考古学家陈梦家先生前往兰州，协助甘肃省博物馆整理武威出土的汉简。

武威出土的《仪礼》简，由于抄写经书的严格要求，尽管出自多人之手，但书体基本统一于严整规范之中，和其他的简牍帛书一样熠熠生辉。这些抄书的人并不是当时的大学者、大书家，他们对当时不断演变中的汉字字形的驾驭还不能达到随心所欲的程度，因而所抄写的书便呈现出一种挥毫自由、天真稚拙的隶韵。

这批木简隶法之精到是汉简中少见的。多数字以藏锋起收，中锋行笔十分明显，波磔^{zhé}规范而又美观，线条劲健而富弹性，笔法迅急而又奔放。结字重心左移，通过右伸的横波取势，在欹^{yǐ}斜中取得平衡。

它的章法也处理得别具匠心，在狭长的简中压扁字形，拉大字距。简上的垂直木纹与扁平的字形形成了强烈的纵与横的对比，大有"疏可走马""密不透风"空灵清新的意境。这种布局方式也成了后世正书章法布局的一种典型模式，对于研究隶书的发展有很高的价值。

【汉字之美】

汉简书法从字形结体上打破了左右均匀的对称格式，巧妙地运用了字的重心移向左侧，波磔之笔突出，与之取得平衡。用笔时中、逆、侧锋交错，运用自如，笔锋转换不露痕迹，特别是简册的章法处理更见手段，随之压扁字形，加大字距，使得瘦长的简和扁平的隶书，构成疏密相间的节奏韵律和幽深中的空远效果，遂形成了简册书法特有的风采和空灵的意境之美。

【标点符号和空间断句】

竖编成册的汉简，决定了汉字竖写成行的书写方式，也形成了句号、逗号、引号等标点符号和"空格"等断句形式的有机运用。这对嘲笑古汉文没有标点符号的观点也是一种回答。汉字的节奏就如空间的韵律，能横写如牌匾，竖写简牍如连珠；空格断句，排比成诗歌。这是拼音文字所做不到的。

从竹简到帛书

我国丝织充分发展起来后，出现了写在缣帛上的"帛书"。秦始皇焚书坑儒，后人作诗讽之：

竹帛烟消帝业虚，关河空锁祖龙居，

坑灰未冷山东乱，刘项原来不读书。

诗中的"竹帛"就是指竹简和帛书。在竹简、木牍上刻写文字是一件浩大的工程。为了长久保存，在竹简上刻字后，还必须用火烤出水分，使青竹片变黄，叫作

"杀青"。今天写文章定稿有称之为杀青的，就是从这里演化而来。

　　竹简、木牍刻完之后，要用绳一片片串起来，称为"册"。每片竹简或木牍容量很有限，所以一篇文章往往要用很多竹简木牍。这种"书"用麻绳、丝绳或牛皮绳串起来，每串叫一"册"或一"卷"。从"册"字的字形可以看出，这个字就是木（竹）片被串在一起，而卷则是说可卷成一卷。

　　现在大部分的作品分册或卷，就是从那里来的。不过那时一卷书的容量可远远抵不上现在的一卷，因为一卷书要适合人拿在手中阅读，太重了不行，竹片、木片本身的重量又不轻，所以一篇没多少字的文章往往要分好多卷。书在那时的形态属于庞然大物。

【简册制度】

陈梦家先生详细地考订出汉代的简册制度，弥补了古文献的缺漏，并通过复原《仪礼》简弄清了汉简可以有一至五道编纶，在编缀简册时都有一定的尺度规则和制作方法

今天小学生都"学富五车"

　　西汉时，以幽默机智、辞令滑稽著称的东方朔写了篇文章进呈汉武帝，用了 3 000 多片竹简，进呈时，由两个太监很吃力地抬进宫去。

　　战国时，思想家惠施外出游学，随身携带的书就装了五车，故有"学富五车"的典故。

　　当时，书的运输存放都很成问题，人们曾形容运书"汗马牛"，说运书使牛马力不胜任，形容存书"充栋宇"，书一堆就堆满一屋子，故有"汗牛充栋"的典故。

　　现在一个小学生上学背在书包里的书本的内容，

在那时可能得用一辆牛车拉的简书才能记录下来，可知当时学习知识实在是太难了。

书简笨重，阅读起来速度也慢，汉武帝每晚命太监抱东方朔的文章来读，读了 60 个晚上。

竹简用绳串，看多了磨损厉害或日久天长绳子断了，竹片就散乱不堪，几部不同的书堆在一起，一旦散开便难以整理，这也是简书的一个不便之处。

丝帛当纸虽好但"太贵了"

用缣帛当然比竹简木牍方便多了，便于书写，易于携带和保存，比现在的纸还结实，但这是种过分昂贵的书写材料，除了王侯之家和中上等的地主们，一般人都用不起。

在孟子理想社会中，50 岁的人穿得上丝帛衣服御寒，是件了不起的事。可若一个读书人的书全用缣帛，用去的丝帛恐怕是够他家几代人穿丝帛冬衣了。

汉朝的社会生产力比战国时代发达了许多，但也到不了把缣帛作为普通书写材料的程度。据文献记载，西汉时期每斤丝卖 285 钱，这些钱按当时的价格买米的话，可够一个人一年的口粮，而一斤丝制成缣帛只能写一本字数不多的薄书。

由于书写材料的问题不能解决，大大地妨碍了文化知识的传播，阻滞了社会文化的发展。

马王堆出土帛书

谁在呼唤"蔡伦造纸"

造纸术的发明和推广，使得蔡伦的名字进入科学巨匠之列。那些在他身前身后出现的科学文化巨人们的成就，都因他的发明而得以广泛传播。

汉王朝是我国社会经济文化空前发展、空前繁荣的时代之一。"汉唐气象"一向是历史上对强大富裕、社会稳定、经济繁荣的朝代的称颂之辞。

经历"王莽之乱"后建立的东汉王朝，经过了60多年的休养生息，到了蔡伦所生活的年代，由于冶铁业的突飞猛进、牛耕的推广、黄河的治理、水利的开发、新式农具的发明，使社会生产力接近了小农经济条件下可以达到的最高水平。当时每个农业劳动力每年生产谷物平均1 000千克左右，每人每年平均占有口粮约243千克，基本上是丰衣足食的小康社会。

不仅社会经济发达，科学文化也空前发展。西汉时期，出现了一批留名青史的科学巨星和文化巨匠，他们在不同的领域中作出了巨大的建树。

两汉科学家中有中国第一位农学家氾胜之，杰出的天文学家张衡，汉医的外科鼻祖华佗，历算家张苍，天文学家唐都、落下闳，农学家赵述，以及中国医学史上的传染病专家张仲景等。两汉的文化巨匠有思想家董仲舒，写《论衡》等著作的王充，中国史学鼻祖司马迁，名儒班彪。这些科学文化巨匠共同代表着两汉文明发展成就。

在这样一个科学文化突飞猛进大发展年代，竹简木牍当然满足不了记录和传播文化知识的需要，获得便利耐用而价钱便宜的书写材料迫在眉睫，全社会都在呼唤着这种新材料的诞生。

蔡伦就是为满足社会这种要求而在前人的基础上改进和发明了纸。

早期"媒体"的演变

人类从有文字之日始，哪怕它在当时只是象形的，甚至是一竖一圈，总要在一个什么东西上面，涂涂抹抹、刻刻画画，以便留下印象好在日后引起回忆。起初，他们就在石壁上刻画，继而用石片、甲骨、竹片、木片、树皮、树叶等，有了一定条件后，讲究的就用丝织品的帛或棉麻织品的布。这些，有的笨重、有的零散、有的昂贵，日渐不能满足人们文化和政治经济活动的要求。在这一情况下，后来才出现了纸。

人们最初把字凿刻在龟甲骨上，这叫甲骨文，龟甲很稀少，又刻不了多少字。后来，人们又把字铸在青铜器上，这叫钟鼎文或叫金文，钟鼎那么金贵，又笨重，并不利于文字的传播。

春秋时候，笔出现了，刀笔并用，把字刻或写

时空隧道
www.flyark.info

文人用纸爱纸，必然也会歌颂纸，会写文章说纸。六世纪时我国的科学家贾思勰在他所著的《齐民要术》中，明代我国学者宋应星在他所著《天工开物》中，都系统地介绍了当时的造纸方法。

另外宋代的《纸谱》、元代的《纸线谱》、明代的《楮书》等著作中，作者都介绍了当时纸的品种和制作原料、制作方法，都为我们了解我国的纸和造纸，提供了宝贵的文字资料。

在竹简或木牍上。竹木简也不轻巧，人们又把字写在绢帛上。秦汉时期绢帛和简牍并用，但绢帛昂贵，所以人们一直寻找一种像绢帛那样轻便但又便宜的材料来写字。

【纸的定义】

这里所说的纸，是从现代所用纸即植物纤维纸的含义说的。考古发现，这种纸最迟在西汉初年（前2世纪中叶到前1世纪中叶）已经被我国劳动人民发明并且使用了。

从20世纪以来，西汉时期造的植物纤维纸，不断被考古工作者所发现。1933年，在新疆罗布泊汉代烽燧遗址中发掘出了一张西汉宣帝时（前73年到前49年）的纸。

1937—1974年，在甘肃省额济纳旗地区发掘了一张不晚于汉宣帝时期的麻纸。1957年5月，在陕西省西安灞桥一座古汉墓中发掘了西汉早期的纸，被称作"灞桥纸"，经科学工作者鉴定，"灞桥纸"是用大麻和苎麻等原料制成的，其时间不晚于汉武帝时（前140—前87）。

科学工作者还进一步研究推断，当时劳动人民制造这种纸，就其制造的主要工序看，已经具备了现代造纸的基本流程。"灞桥纸"是我国目前考古发掘出来最早的纸，也是世界上最早的纸。

这些西汉纸，大多数都还比较粗糙，纸的表面有较多的未被打散的麻筋。纤维组织松散，分布也不均匀，因而不利于书写，发掘出来的这些西汉纸面也确实没有文字。显然，这时还只是我国造纸术的萌芽和开始阶段。

到了东汉时期，造纸技术进步很大，纸的质量有了明显提高。近几十年来，考古工作者不断地发掘出一些东汉时期的纸。1901 年，先后在新疆和甘肃敦煌发现两张东汉纸；1942 年，在内蒙古额纳河东岸的烽燧遗址中又发现一张东汉纸；1959 年，在新疆民丰县也发现了一张东汉纸；1974 年，在甘肃武威县一座东汉古墓中发掘出一批东汉纸。这些纸比起西汉纸有着明显的进步，大多数纸的上面都有书写的字迹，有的是书信、诗抄，有的是日常文书。可见，这时的纸已经比较普遍地被人们用作文书写作的材料了。东汉时期，不仅中原地区使用纸，而且传到了新疆、甘肃、内蒙古等地区。

另外，也不仅限于上层统治者使用，而且连民间也比较广泛地使用起来了。可以说，东汉是造纸技术已经比较成熟的时期了。

破布旧麻出神奇

在我国，养蚕制丝的历史很悠久。中国曾被称为"丝绸之国"。相传首创养蚕制丝的是黄帝的妃子嫘祖。这说明养蚕制丝自中华民族进入农耕文化时就开始了。

蚕吐丝成茧后，质量高的蚕茧经沸水煮后抽丝，用来纺织，质量差的用来制丝绵。方法是把蚕茧放在透水容器中，浸泡在水里反复捶打，将茧打烂使

丝连成片状，再置于篾席上放在阴凉的地方晾干，每日用清水漂淋，使丝色更白，五六天后晾干揭下，就制成了丝绵，作寒衣的填充物。《孟子·梁惠王》中孟轲曾描绘他理想的"王道乐土"，其中说到五十者可以衣帛食肉，所谓"衣帛"就是穿丝绵做的衣服。

前面所说的制丝绵的方法叫作漂絮法，制丝绵的工匠们，从竹席上取下经过拍打成絮的丝绵后，发现在竹席上还有薄薄的一层敝绵（或者叫恶絮），这层纤维干燥揭下后，可以用来书写，这就成了最初的"纸"。

在我国，种植和使用麻类植物的历史与养蚕制丝同样久远，这可以追溯到远古的传说和《诗经》中的描写。

在棉花未传入我国的很长一段历史时期内，达官贵人、王侯富家穿的是丝织品，而普通百姓穿的布实则是麻制成的，冬衣内的填充物也是麻。麻用来做纺织材料的是其茎皮纤维。把这种植物茎皮加工成可供纺织的纤维，需要将它放在池塘中沤制：池塘中的水是不流动的，麻浸在池塘中，日照使水温上升，池中真菌繁殖起来，真菌以麻中的果胶等为营养，把它们吸收掉，剩下的就成为可供纺织的纤维缕，这就是"沤麻"。

受漂絮沤麻的启发，在前人经验的基础上，蔡伦决心造出一种新的可以方便书写的纸来。

纸的发明和改进

关于纸的发明，过去文献上都是根据6世纪时范晔的《后汉书·蔡伦传》中的说法，认为纸是2世纪时东汉的宦官蔡伦于105年发明的。但是，20世纪以来考古的发现，我国在前1世纪的西汉时期，就有了用大麻和苎麻纤维做成的纸了。这些出土的纸，其制造时间，已比蔡伦造纸的年代又早了100多年。

到底是谁发明了造纸术，创造出第一张纸呢？

这在文献中是再也找不到答案了。

考古工作者和科学家只有根据出土的文物和已知的造纸方法，用相同的原料来模拟制作过程，摸索出古人当时造纸所用的方法。

大致的方法是将麻头浸湿、切碎、清洗、碱煮、去碱、打浆、沥纸、晒干、研光等诸多加工过程后，才能成为可供书写的纸张。

这些造纸的基本过程中，碱煮的目的是去除粗纤维中的木质素、色素、胶质和油脂等杂质，所用的碱可能是熟石灰浆，也可能是草木灰的浸取液。这些浆液中氢氧化钙或碳酸钾等弱碱性的物质，加热蒸煮，可使纤维尽快熟化，然后用水洗晾置，就可以去碱。

其他的步骤，都是手工的物理操作。在造纸的过程中，如果有了适当的原料，加上精细、讲究的物理操作和化学操作，一定会做出品质优良的好纸。蔡伦以及继续改革造纸术的后人，都是本着这一原则

纸的广泛使用，促进了造纸业的发展，相继出现了更多的纸的品种，知名的有桑皮纸、檀皮纸，名贵的纸中唐代的"硬黄纸"、五代的"澄心堂纸"、宋代的"金栗山藏经纸"，都有相传的藏品留世。

明代开始，一直流行的"宣纸"，如今仍为书画家们所爱用，成为他们施展才华的必需品……

造纸术从三世纪时由我国传到朝鲜，七世纪时又由朝鲜传到日本，八世纪中又经中亚传到阿拉伯。到十六世纪时，纸张已经传到全欧洲，并逐步流传到全世界。

时空隧道
www.flyark.info

去做的。

在 2 世纪造纸术得到推广后，到 3—4 世纪时，纸张就基本上取代了竹简、丝帛成为唯一的书写材料了。

自从蔡伦将纸改进成"蔡侯纸"后，纸渐渐深入到社会生活的各个领域。官府文书使用纸张便于传阅和向民众告示，使官府行使职能的方式大大简化了；审理案件使用了纸张，使得记录全面、准确，便于保存；纸张的运用还促成了官府对文件收发、账目收支等方面管理手段的改变。

这一切使得官府的办事效率提高，管理手段加强，职能被强化。在民间，纸深入到经济生活中，租佃、买卖、雇佣、借贷等活动，广泛运用写在纸上的契约字据。

纸张对文化发展和社会生活所产生的影响是无法估量的。总之，如果没有纸张作为书写材料，汉朝后中华民族在文化科学等领域的发展是无法想像的，印刷术的发明也不能产生，而中华文明的发展规模恐怕也要大打折扣。纸张作为书写材料的出现，大大推动了中华民族文明史的进程。

不仅如此，若干年之后，纸与我们民族发明的印刷术、指南针、火药一起走出国门，传到中世纪的欧洲。

欧洲原来用羊皮记录文字，由于其高昂的造价，只能用于宗教和贵族的大事记录。纸在平民中的广泛使用，使得信息的记录、传播和继承，有了革命性的进步，打开了欧洲"知识普及"的道路。

造纸术与其后传入欧洲的印刷术为欧洲走出"黑暗的中世纪"以及文艺复兴运动的出现准备了不可或缺的技术条件。

中国的四大发明极大地推动了欧洲迈向近代社会的进程，推动了人类科技的发展和社会的进步。

童年入宫失天伦

　　蔡伦出生在湖南省耒阳县的一个平民家庭，自小就家境贫寒，全家常常为衣食发愁。

　　蔡伦小时候非常好学，但由于家庭条件所迫、无法读书，于是他处处留意生活中的新奇现象，有什么不懂的就非要弄个明白才肯罢休。

　　有一年，皇宫里的人到他的家乡征选宦官。从此，蔡伦童年的欢乐由此而止，正常的天伦被打破，他离开了亲人，告别了家乡。

　　在古代，宦官的来源主要有两种。一种是从民间征选，不是实在没有出路的话谁也不愿去应征。另一种来源是受宫刑的罪人。古时宫刑亦是对重罪犯的刑罚之一，属"五刑"之列。

　　在我国封建社会，宦官是一个特殊阶层。宦官在皇室内廷服务，要侍候皇帝、皇后和皇帝的嫔妃以及其他皇室成员的饮食起居。要进内廷服务，必须先要"去势"，即受宫刑（又称腐刑），就是割去生殖器。由于这些人不能生殖，不能传宗接代，被认为辱没祖宗，有违自然。尽管他们接近皇室有权势，生活优越，但仍然被人看不起。

"尚方令" 初显才华

《后汉书·蔡伦传》对蔡伦生平记述只有寥寥几笔，但从中不难看出，无论是其个人生活还是其政治经历，蔡伦的一生，都充满了悲伤和不幸。

"伴君如伴虎"。作为封建帝王的近侍，蔡伦身处统治阶级内部斗争的政治漩涡中心。他无力把握自己的命运，这注定了他仕途的悲剧。

东汉建初中期（约80年），18岁的蔡伦当上了"小黄门"，这是汉朝太监中较低的职务。到东汉和帝刘肇即位的永元元年（89年），蔡伦被提升为"中常侍"，这是汉朝宦官中的高级职务，负责传达皇帝诏令及管理文书，很有权力。

蔡伦很有才华学识，做事认真严谨而且可靠；指陈政事得失却很耿直，屡次因此惹得皇帝生气。

按汉朝的制度，官员每旬（十天）有一天休假。这是士大夫们相互交游、联络感情的时候，可蔡伦每逢此时都闭门谢绝宾客，不与同僚往来。

东汉和帝永元九年（97年），蔡伦被任命兼职"尚方令"。"尚方"是负责管理皇室金库和宫廷内部事务的机构"少府"所属的重要部门，专门为皇帝制造御用器物，拥有显赫权势、雄厚财力和全国选拔来的优秀工匠。蔡伦受命为"尚方"的主管，负责监制御用器械和宝剑等。

蔡伦在工艺技术及此类事物管理上的才华显露出

来。在他的督导下，尚方制出的产品样样工艺精湛，质量上乘，成为后世仿效的宝物。

东汉安帝刘祜元初元年 (114 年)，皇太后邓绥以蔡伦在宫廷供职多年，辛苦勤勉为由，加封蔡伦为龙亭侯，赐给他食邑 300 户，所谓"食邑"，就是把那块地方的赋税作为他的个人收入。后来蔡伦又被提升为长乐太仆。

在汉朝，高级的官位依次是三公、九卿。太仆是九卿之一，是专门侍奉皇帝、太后的近御官员。这次提升是蔡伦仕途的顶点。

蔡伦的封侯和提升为太仆都得力于皇太后邓绥，这一时期她掌握着朝中大权。汉安帝刘祜与太后有矛盾，他不愿蔡伦充当太后的近臣为其出谋划策，但又不能明显地得罪太后，所以，元初四年 (117 年)，安帝以汉皇室的藏书文字中存在许多错误为由，下令邀及大学士刘珍等人到汉朝皇家图书档案馆"东观"去校勘所藏图书档案，命令蔡伦主管这件事，实际上是把蔡伦从太后身边调开。从此，蔡伦在宫中不断受到打击，以致最后受辱而死。

汉字竖写源于简牍

书写二字音同竖写

竖写蕴育纵向思维能力

竖写如川横写如水

汉字纵横状天地方物

经纬

寻觅

（金文 寻 觅）

☆造纸术☆

【发现】蔡伦在"寻觅"——从原始絮纸中发现了造纸的奥秘，虽然同时代很多人都"看见"过或用过絮纸。

【改进】蔡伦从雏形纸得到启发，但没有止步。他总结民间制作雏形纸的零散经验，不断改进。经多次实验，"寻觅"经济的原料，加上精细、讲究的物理操作和化学操作……

【创造】没人知道蔡伦有多少次失败，他用"加法"和"乘法"发挥自己创造性劳动，终于发明了一整套系统的、具有规模生产和实用价值的造纸技术，为纸的普遍使用奠定了基础。

发现 ● 创造

蔡伦飞马追"絮纸"

身在宫廷，使蔡伦得以了解汉帝国在科学、文化、对外交流等多方面所取得的辉煌成就。对这些成就的了解，更使他深感必须冲破书写困境。

有志者事竟成。蔡伦从民间总结了制作雏形纸的零散经验，加上自己创造性的劳动，发明了一整套系统的、具有重大生产和实用价值的造纸技术，为纸的推广使用奠定了基础。

蔡伦利用自己的地位，借助汉王朝中央集权政府的力量，使纸张得以在全国推广。这样，蔡伦终于以自己的才智，为冲破书写的困境作出了非凡的贡献。

传说，蔡伦在宫中任尚方令的时候，有一天邓太后派人送给他一包新鲜的荔枝。原来地方上每年都要向宫中进献新鲜果品，邓太后因为蔡伦平日辛苦勤勉，对他格外恩赐。蔡伦拿着荔枝注视良久，忽然问来人："送果品的人是否还在宫中？"

来人摇摇头，不知送果品人的去向。于是，蔡伦派人日夜兼程追回了进贡的人。这是一位白发苍苍的老人，看到皇宫中的使者，心里不知是福是祸，但到了这个时候也身由不己，只好跟着进宫。

出乎老人意料之外的是，这位朝廷命官待他如佳宾，问了很多他家乡的情况，最后还问到了包果品的"絮纸"，这是一种自然成型的丝质薄纸。

面对如此和蔼的人，老人当然把制作絮纸的情况全盘道出，还把他的女儿带到宫中，让她给蔡伦看如何制出"絮纸"。蔡伦由此受到启发，多次实验，发明了沿用至今的造纸术，终于造出了"蔡侯纸"。

"帋"从"氏巾"以布为材

"帋"(纸的异体字)这个字中的"氏"是声旁，"巾"为形旁，因蔡伦发明的纸所用原料中的废布而得。"帋"字未被广泛使用，假借来的"纸"字却流传开去。就文字而言，这是种沿革中的正常现象。但对字的来源缺乏考察，造成对古籍本意的误解，也就使有人产生了"纸"在蔡伦之前就有的误解，从而提出否认蔡伦发明造纸术的看法。

1933—1978 年，考古学者在我国新疆的罗布泊、陕西省西安市灞桥、甘肃省居延、陕西省扶风县等地分别发现了几种"古纸"，分别被称作罗布淖尔纸、灞桥纸、金关纸、扶风纸。

根据一同出土的器物年代及所属的文化沉积层，有人认定这些"纸"是"西汉古纸"，并以此否定蔡伦是造纸术的发明者。这使古已有之的争论于今更激烈。但是造纸界的专家们逐一分析鉴定了这些"古纸"，认定这些所谓"古纸"有的根本不是纸，有的只是纸的雏形，从而批驳了否定蔡伦持有造纸术发明权的论点。

"蔡侯纸" 工艺流程

东汉造纸技术的提高，蔡伦的贡献最大。所谓"蔡伦造纸"，就是说蔡伦在劳动人民发明和发展造纸技术的基础上，改进了造纸工艺。

蔡伦任尚方令官职时，负责皇宫内的手工作坊，专门为皇帝制造刀、剑和其他玩好器物。蔡伦又是个善于发明创造的人，他看到写字用的简牍太笨重，绢帛又昂贵，而当时已有的麻纸又不适宜写字，就下决心一定要制造出一种既便宜又便于书写的纸来。

蔡伦先仔细研究了前人造纸的经验，知道了制造麻纸的原理就是把麻的纤维捣烂，压成薄片，因为工艺很简单，造出来的纸就很粗糙。蔡伦想，如果把工艺搞得精细些，造出来的纸也许就会细腻而便于书写了。于是他开始把麻纸捣得很烂，压成很薄的纸。这样，纸是比较细腻了，但还是不够理想，因为麻里还有不少粗纤维捣不烂，所以做成的纸仍然不适宜于写字。而且，把能织布的麻用来造纸，成本也不便宜。

蔡伦进一步想，麻能做纸，是因为它有纤维，那么破布、破鱼网、树皮、麻头等不值钱的东西，也都含有纤维，是不是也能用来造纸呢？于是他又动手去做试验。

他把破布、破鱼网、树皮、麻头等东西收集起来，先泡在水里，洗去污垢，再放在石臼里捣烂成浆，然后压成片，做成纸。这样用不值钱的东西来造纸，纸是造成了，成本也降低了，但是先前的缺点还存在，仍然有一些捣不烂的纤维混在里面，做成的纸还不够光洁，还是不适宜写字。

　　为了把纤维捣得更烂，使做出来的纸更加细腻光洁，蔡伦又在造纸用的破布、破鱼网、树皮、麻头等原料中加进了带腐蚀性的石灰等，一起放在石臼中舂捣。结果，不但原料捣得更烂了，而且还意外地出现了漂白的作用，使得捣成的纸浆变成了白色。

　　可用这样的纸浆直接压制成的纸，仍然不能除掉那些实在捣不烂的粗纤维，并且由于放了石灰等东西，做成的纸又出现了许多细小的颗粒。

　　蔡伦坚持不懈地进行改进，他把捣烂的纸浆兑水调稀，放在一个大槽里，然后用细帘子去捞浮在上面较细的纸浆，等细帘子结了一层薄薄而又均匀的纸浆以后，把它晾干，揭下来就成了一张洁白细腻的纸。改进造纸技术终于获得了成功。

　　这种原始的造纸方法虽然比较简单，但它已经具备了原料处理、制浆、打浆、抄纸、干燥等主要工序，符合科学原理，与现在一般造纸工艺的基本原理大致相同。

　　105 年，蔡伦把他监造的第一批纸献给了汉和帝，受到了和帝的称赞。和帝叫

蔡伦继续改进，扩大造纸的规模，造出更多更好的纸，并把蔡伦的造纸术向全国推广。由于蔡伦在汉安帝时被封为龙亭侯，所以人们就把蔡伦造的纸叫"蔡侯纸"。蔡伦改进了造纸技术，扩大了造纸原料，为纸的大规模生产和推广使用开辟了道路。

纸在发明和推广使用之后，就逐渐取代了笨重的简牍和昂贵的绢帛，成了我国人民的主要书写工具，也为以后印刷术的发明准备了条件。

牛顿称他取得的成就是因为"站在巨人的肩膀上"并不仅仅是谦虚之辞。蔡伦的发明同样吸取了前人对雏形纸的处理经验，但绝不能就此否认造纸术是他发明的。因为毕竟是他把纸作为书写材料推上了人类文明史的舞台，把他奉为造纸的祖师，是当之无愧的……

开心愚者

怎样区别"古纸"和"蔡侯纸"

关于造纸术的发明权，曾有过一些笔墨之争，现代考古学的一些发现又使这一争论呈现迷离复杂的情态。但是，笔墨之争也好，考古发现也好，都不能拿出确凿的证据否定蔡伦对造纸术的首创之功。蔡伦因这份首创之功而赢得了世界性的荣誉，今后也将被世人永久地纪念。

除了对《后汉书·蔡伦传》中文字的争议外，唐朝以来的不少学者对蔡伦发明造纸术的说法提出了异议。他们认为，早在蔡伦之前，汉朝初年或更早的时候，就已经有人用纸作书写材料了。因而，有人认为他只是在和帝年间督导尚方的工匠大量生产纸张；有人认为他比较懂得造纸技术，从而使纸得以成为皇家制造场的产品；还有人认为他造的纸比以前的质量高些，加工精细些。这些说法都企图否认蔡伦拥有造纸的发明权。

宋朝司马光等所编的《资治通鉴》中引用毛晃的话说：
"以为纸始于蔡伦，非也。"

之所以有上述这些看法，主要是因为这些学者分不清古纸与今纸的区别而引起的。

在蔡伦发明纸之前，作为书写材料的缣帛绢素也称为纸。正因为如此，"纸"字的偏旁是个"纟"，说明其与丝有关。此外，在制造丝棉时有一种副产品，是丝棉制成后剩下的残丝织成的薄页，也被用来作为书写用，称"丝絮纸"，又被称为"纸"。蔡伦发明制造的纸没有名称，因为作书写用，所以延用"纸"作名称。

"灞桥纸"是原始雏形纸

北京中国历史博物馆里珍藏着一张世界上最早的植物纤维纸——灞桥纸。这是 1957 年 5 月在陕西省西安市灞桥出土的，是西汉汉武帝时制造的，距今已有 2 000 多年的历史。

1957 年 5 月 8 日，灞桥砖瓦厂在取土时，发现了一座西汉武帝时代的古墓，墓中一枚青铜镜上，垫衬着几层古纸。考古工作者细心地把粘附在铜镜上的纸剥下来，大大小小共 80 多片，其中最大的一片长宽各约 10 厘米，专家们给它定名"灞桥纸"，现陈列在陕西历史博物馆。灞桥纸纸色暗黄，经化验分析，原料主要是大麻，掺有少量苎麻。在显微镜下观察，纸中纤维长度 1 毫米左右，绝大部分纤维作不规则异向排列，有明

灞桥纸残片

显被切断、打溃的帛化纤维，说明在制造过程中经历过被切断、蒸煮、春捣及抄造等处理。虽然质地还比较粗糙，表面也不够平滑，但无疑是世界上最早的以植物纤维为原料的纸。这一发现，把中国造纸术向前推了 2 个世纪。

1933 年，曾在新疆的罗布淖尔发现西汉古纸。灞桥纸发现后，又在甘肃居延汉代烽塞遗址和陕西扶风中颜村发现了西汉纸。甘肃发现的西汉纸上还留有文字笔迹，说明至迟在西汉，人们已用纸来书写文字了。这些西汉古纸中，新疆纸为前 49 年之物，"中颜纸"和甘肃纸为西汉宣帝、哀帝时代所造，均迟于灞桥纸。

我们知道，只有当纸作为书写材料进入人类文明之舞台，才称得上是一项伟大发明。如果纸缺乏作为信息载体的功能，那么造纸术的意义也就无从谈起了。就发现的所谓西汉古纸看，都不具备这一功能。造纸界专家经对其外观和质地纤维分析后得出结论：这种"纸"没有经过打浆等基本的造纸工艺过程，不能以"纸"定论。

至于其余的金关纸、扶风纸等，虽经过纤维切断和打浆等基本工序过程，但未经抄制成型，仅可称作原始纸或雏形纸，都不具备代替简帛作为书写材料的条件。"罗布淖尔纸"出土于 1933 年，原物毁于抗战时的长沙大火，现只存照片。据发现这张古纸的著名考古学家黄文弼先生在《罗布淖尔考古记》中记述，这张纸"麻质、白色、质甚粗糙，不匀净，纸面留存麻筋。盖为初造纸时所作，故不精细也"。

专家们估计这个纸的水平不会高于金关纸、扶风纸的水平，或许可能属于"灞桥纸"一类。至今所发现的所谓"西汉古纸"末见有书写字迹的，而且从质地看均不宜书写；而考古中所发现的蔡伦之后的东汉纸大多都有书写的字迹，包括书信、诗抄、日常文书等，这无疑说明能制造出可供书写用纸张的完善的造纸工艺始自蔡伦，他对造纸术的首创之功不可否认。

从专家们对东汉纸工艺的分析和西汉造纸工艺的比较中。不难描画出蔡伦对造纸术所作贡献的大致轮廓。

蔡伦在总结整理漂絮及推广纸的处理经验的基础上，扩大原材料范围，改革完善工艺，创造性地生产出了可代替绢帛作为书写材料的纸张。从工艺上看，蔡伦造纸掌握了剪切、沤煮和洗涤、春捣、抄制成型、定型干燥等几个基本工序。这些工序中的抄制成型和定型干燥工序是扶风纸、金关纸等雏形纸未曾经过的工序。

这些雏形纸是自然成型的，所以纤维交织远不如经抄制的纸良好。结构不紧密，因此不宜作书写用，未经定型干燥的纸会起皱，使书写愈加成为不可能。

蔡伦首创了以竹帘捞纸及定型干燥的技术。使雏形的纸产生了质的飞跃，成为可供书写用的纸，造纸术也就因此而成为人类文明史上一项伟大发明。

从原料上看，雏形纸的原料都是麻类，蔡伦仅增加了一项树皮。可别小看这项增添，因为将树皮中的纤维分离出来要比分离麻类纤维困难得多，蔡伦使用了高温煮

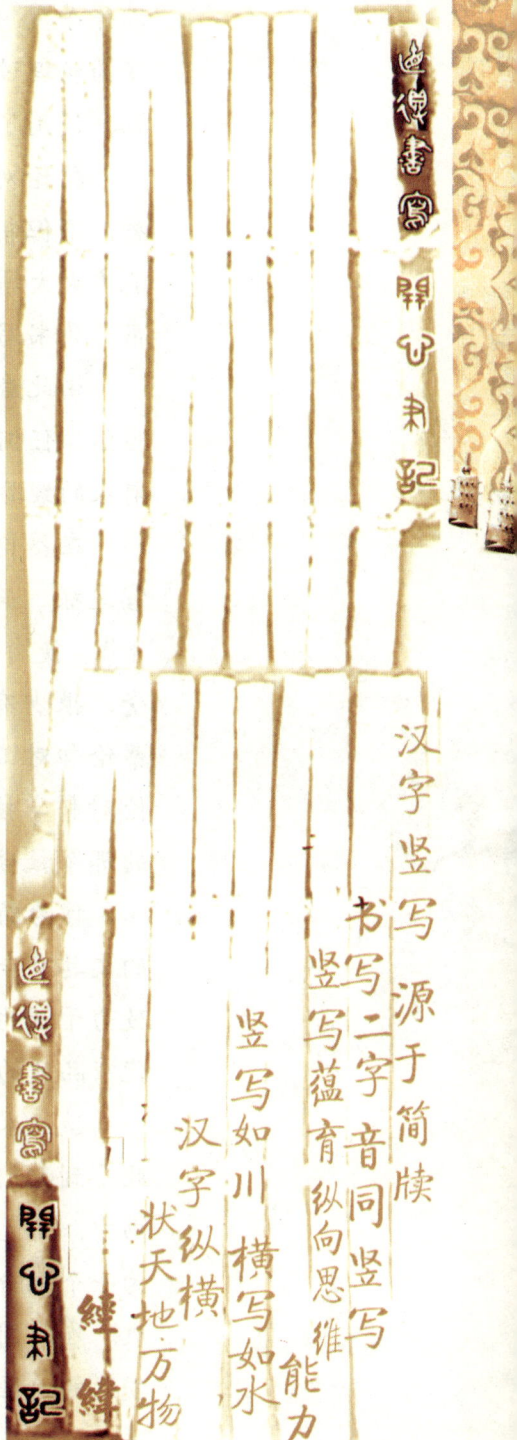

汉字竖写源于简牍

书写二字音同竖写

竖写蕴育纵向思维能力

竖写如川横写如水

汉字纵横

汉字状天地方物

经纬

沸等手段，使制浆工艺从沤麻这一生物过程中脱胎出来，变为物理过程，而且很可能加上了石灰、草木灰等添加剂，使用了化学手段。

蔡伦对造纸工艺的改造完善和扩大造纸的原料品种，不但制造出了可供书写的纸张，而且使生产纸张的能力大大增强，可以进行大批量生产。这是纸张代替简帛作为书写材料被推广使用必不可少的条件。

由此看来，否认蔡伦是造纸术的发明者是不公正的。当然。任何发明都不可能是凭空产生的，都要继承吸收前人的经验和成果。

在蔡伦的时代，人们追求的目标是仕途得意，高官厚禄。而所谓有志之士，其抱负也多是"道行于天下"，使自己治国平天下的政治主张被封建统治者接受，很少有人注意工艺技术，认为那是雕虫小技。而蔡伦却对工艺技术加以研究，这是非常难能可贵的。蔡伦对科学技术的认识，超前于他的那个时代和他所属的那个社会群体。

作为尚方令，蔡伦并不负责文具的事情。东汉朝廷的文具有专门部负责，蔡伦是看到社会上对纸的需要而致力于纸的发明的。这种为天下谋的精神，是中华民族优秀品质的体现。

造纸术的发明，利在天下，利在全人类，蔡伦也因此受到人们永久的纪念。我国的任何一本中国历史教科书中，都无例外地记述了蔡伦对造纸术的贡献。蔡伦成为一个家喻户晓、妇孺皆知的名字，历经 2 000 年而不衰。在我国民间，造纸作坊中都供奉蔡伦，有些造纸业发达的地区还修有蔡伦庙。

"丝绸之路"纸西传

　　我国人民同西域各国人民的正式交往始于春秋战国时期。到了前5世纪，我国出产的丝绸已远销到希腊、罗马和印度等地。于是希腊、罗马的文人学者就用了一个富于诗意的名字"赛里斯"来称呼中国，意思是"丝绸之国"。

　　西汉初期，这种交往大大地发展了。张骞先后两次出使西域，为中原带回了西方异域的珍闻奇事，大大开阔了东方人的眼界。汉武帝听到对这片神奇土地的描述后，被甘甜的葡萄美酒、新奇的条支大鸟（驼鸟）、神秘的吞火魔术所吸引，特别是高大的大宛良马——汗血宝马更对他产生了极大的吸引力。于是雄心勃勃的汉武帝设置了酒泉郡，修筑了通向西域的道路。

　　从此，友好的使团、商队西去东来，踏出了连接欧亚两大洲的古丝绸之路。

　　东汉时期，名将班超再度出使西域，联合弱小民族，先后打败莎车（今新疆莎车一带）、龟兹、焉耆（今新疆焉耆一带）等国，保证了这条商路畅通无阻。丝绸之路曲折蜿蜒，穿大漠、跨高原，途中充满艰险。丝绸之路上有许许多多动人的故事。造纸术的传播过程则更加艰难曲折，在这条路上演出了漫长的一幕。

造纸术传朝鲜东渡日本

日本是我国一衣带水的邻国，中日两国的交往源远流长，有史记录的始于秦汉之初。

西汉时期，约 1 世纪前后，日本还处在小国林立的状态，各国都选定时间，派遣使者到现在北朝鲜平壤附近的东乐郡太守的所在地，献上方物，换取中国和朝鲜所赐予的珍奇物品。

随着中日经济文化交流，中国造纸术、铜器、农业生产技术和养蚕技术都渐渐地传到了日本。

到了 610 年，高丽国王派高僧昙征渡海到日本。这位朝鲜和尚在日本大力宣传纸张的益处，于是当时的日本摄政王圣德太子就在离皇宫不远的龙田川河岸设立了造纸作坊。这样，在首都奈良就兴建起了日本的第一座造纸工场。

由于昙征的大力宣传和圣德太子的极力提倡，日本人学会了中国的造纸术。综观日本造纸的工艺，无论是备料、蒸煮、洗净、打浆还是捞纸、干燥，都同中国传统造纸法几乎完全一样。

日本早期的手工造纸称为"和纸"。日本造纸虽然比中国大约晚 800 多年，比朝鲜晚 200 多年，但比阿拉伯人早 100 多年，比欧洲人早 800 多年。

日本民族是一个善于向外部借鉴文化、技术的民族，造纸术在日本的兴起正可以说明这一点。

开心@百科
www.kaixin100.net

日本普及汉字

400 年左右，日本列岛上原有的许多民族被大和族统一。大和族统一日本后，开始普及汉字。由于文化事业的兴起，改变了人们原先对书写材料的看法，因此对纸的兴趣与日俱增。

造纸术和南越国 "蜜香纸"

　　中国的造纸术何时传入印度支那半岛已不可考，但从现存文献记载和印支半岛与中国关系的历史看，大约当纸在中国普及时，就已同时传入印度支那半岛。

　　西汉初年，汉高祖刘邦派陆贾南通南越，立赵伦为南越王，剖符通使，保持了友好关系。吕后时，因南越人封关，禁止买卖西汉器物，断绝与汉朝统治地区的贸易往来，关系一度紧张。汉文帝时，再次派陆贾到南越，重修旧好。

　　汉景帝时，南越王对汉称臣，派使者到洛阳朝见汉天子。赵伦的孙子赵胡做南越王时，派他的太子婴齐到洛阳，为汉朝天子充当御林军，护卫皇宫。婴齐在洛阳宿卫期间，娶了邯郸的女子为妻，为他生了儿子赵兴，到赵兴登上王位，他的巫相吕嘉谋反，汉武帝派水陆军 10 万南下征讨吕嘉。吕嘉兵败身死，南越国灭亡。西汉政府在原南越国国土上设置儋耳、珠崖、南海、苍梧、九真、郁林、日南、合浦、交趾九郡，派遣官吏，行使管辖。九郡中的交趾、九真、日南三郡，均在今越南境内。

　　在这近 100 年的时间里，中越两国的经济文化交往极为频繁，中国的铁器和其他物器，通过关市源源不断地输入越南；越南的土特产品如犀角、珠玑、蔼翠等，也不断输入中国。

6-7世纪　中国傣族
按简册页方式制造贝叶书

107

南越国蜜香纸

3世纪前后，南越国一带的大秦国曾向中国朝廷进献了3万张当地所产的蜜香纸（大秦有时也被称作越南）。晋武帝时人张华撰写了一本叫《博物志》的书，书成之后他请皇帝御览。皇帝对这本书很赞赏。为表彰张华，晋武帝赏赐给他一万张侧理纸，这侧理纸是古越南的"年贡"。这两件事分别被记载在西晋古籍《南方草木状》和《拾遗记》中。

广东东莞出蜜香纸。《广东新语》载："以蜜香木皮为之，色微褐，有点如鱼子。南浙书壳，皆用栗色竹纸，易生粉蠹。至粤中必以蜜香纸易之，始不蠹。最坚厚者曰纯皮，过于桑料。细者曰纱纸，染以红黄以帷灯，恍若空，以其细点如沙亦曰沙纸。"

东汉初，锡光任交趾太守，任延任九真太守，教越民制造田器，开垦种地；还教他们接受中原文化，使他们增强社会意识，提倡媒妁聘娶等中原婚姻方式；建立学校，创建教育，并将中原的礼仪在那里推行。这些先进文化的传播，对改变当时越南的落后状态，起了巨大的有益作用。

东汉政府在此地进行了一些政治、经济改革，如废除残酷的"越律"、修渠灌溉等，对越南的社会发展产生了深远的影响。在这种密切的关系中，造纸术很快传入了越南。

蜜香纸是用越南所产蜜香木为原料制造的。蜜香纸被作为给中国皇帝的贡品，可见这是很高级的纸张。3世纪，越南就可以生产品质优良的纸张了。

越南得到造纸技术较早，但纸的产量并不多。越南当时纸的主要产地是现在的河东省清化县，生产的品种有黄色敕纸、令纸、示纸、本纸四种。此前，现在的越南清化省当时出产商陆纸和少量的金龙黄纸，这两地生产的纸张难以供应本国需要。因此印度支那还是不断地从中国的广西、云南进口纸张。

越南的造纸工艺和操作使用的设备都与中国手工造纸无异。原料用树皮，蒸煮用铁锅，洗浆用布袋，捞纸用竹帘等。

为什么古印度文献中国"存盘"？

印度人见到"中国纸"不晚于 7 世纪，但他们学会造纸却是很迟的事情。这里面有文化背景的原因。

中国与印度的交往在汉朝时就有。汉朝的使节通西域时，也打通了从中亚细亚去印度的道路。中国与印度的民间贸易在此之前已穿越崇山峻岭进行，出使西域的汉博望侯张骞在大夏国（今阿富汗境内）里，见到了中国的邛竹丈和蜀布后非常惊讶，不知中国内地的产品怎么到了这个地方。问当地人是怎么得来的，大夏人告诉他是从身毒买来的。身毒就是印度。这说明中印边境上的商业往来早就在进行。

印度与中国一样，都是历史悠久的文明古国。印度人民创造了色彩斑斓的文化，但在相当长一段时间里，印度的经文典籍和其他文字是抄刻在当地生长的贝多罗树的叶子上的。

贝多罗树又称贝叶树，是一种棕榈类的常绿植物，生长在热带、亚热带地区。贝叶耐久性强，不怕潮湿，不易磨损，刻上的字迹长年不变，所以被用作书写材料。

用于书写的贝叶需要经过加工处理。首先砍下成批的鲜叶，用开水煮后晒干，再用刀剪按需要的规格把它一片片裁下，在叶片边上穿一个孔，把零散的叶片穿成 50 或 100 页一册（类似汉竹木简的成册方式），置放齐整，用平板盖上，平板上压一块沉重的石头，十天或者半个月后取出，用线绳穿成活动本册，就可用于书写了。

书写是铁笔把字刻上去，再涂上植物油，就成了贝叶书。印度古时的佛经几乎全是用贝叶刻写的，所以又称贝叶经。印度文化因使用贝叶作书写材料，又被称之为贝叶文化。

中国与印度最"大宗"的文化交往是佛教向中国的传播。其中既有印度高僧来华传道，也有中国高僧前去取经。广为人知的唐三藏西天取经，所去的天竺国就是印度。

中印两国文化交往久远，印度人学会造纸术本不成问题。但印度人迟迟没有掌握造纸术，建立自己的造纸业，是什么原因呢？

古印度人对纸的需要并不十分迫切，古代经典靠师徒口耳相传。印度教和佛教的核心内容都是一种活跃的、文字不易表达的哲学思辨，要领悟靠的是悟性修练。师徒口耳相传虽能启发悟性，但比文字传播来说，致命地丢失了时空的永恒。印度梵文佛教经典传入中国后因纸的方便传抄而保存下来，现代印度反而失传了古文化。

印度教徒认为破麻布不干净，不愿从事造纸生产。到7—8世纪，有些印度人在外方来客的影响下才开始使用纸张。

使用纸并非就会造纸。10世纪，突厥首领率领伊斯兰教徒军队侵入印度，随即把造纸术带

入。但是印度人还是拒绝造纸。

12 世纪末，伊斯兰教徒再次入侵印度恒河流域，建立德里帝国，统一印度各邦。这时才由伊斯兰教徒建立印度的造纸业。伊斯兰教徒掌握印度的造纸业达 400 年之久，古印度文化消失了。但是古印度文献却通过与中国的交往，在中国"存盘"留了下来。

671—694 年，唐朝另一位高僧义净到印度取经，到达那里后写信回国，要人在国内代为购买纸张以抄写经文。可见当时印度还无纸可买，义净只得不远千里请人在国内买。义净法师后来撰写的《梵语千字文》和《南海寄归内法传》两书中，提到含有纸字意义的梵文，这说明那时印度人已知道什么叫纸。但纸未被广泛使用，更谈不上生产了……

【开心思考】

1. 印度和中国同为世界文明古国，但印度梵文经典因"贝叶书"原始性没能有效保存下来。阿拉伯文化和近代英殖民文化占领了印度，但在印度又没得到有机融合，这是印度现代化的内在瓶颈之一。

2. 越南、朝鲜都丢弃了汉字，做"减法"成为世界小语种，但日本却以"假名＋汉字"创立新日文，做"加法"保留了汉字文化的精华……

时空隧道
www.flyark.info

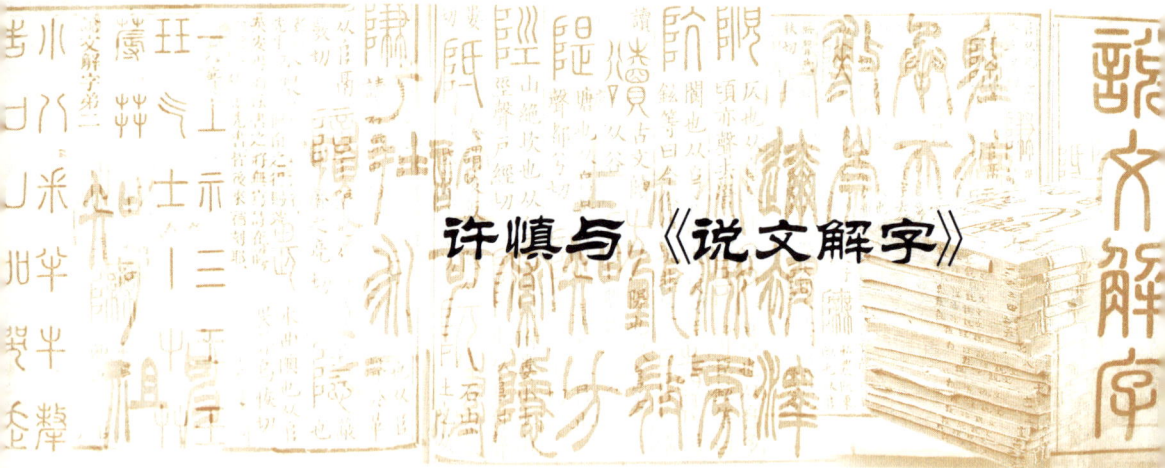

许慎与《说文解字》

中华文化，蔚为大观，许慎《说文解字》就是其中的一朵奇葩。这本书是我国最早的、内容翔实、体例完善、分类系统的字典，直到今天仍洋溢着蓬勃的生命力。

许慎（58－147），字叔重，东汉时期豫州汝南郡召陵县（今河南省郾城县东）人。

许慎小时候家里并不富裕，但他从少年时代就开始大量地、孜孜不倦地学习各种经典著作，后来在古文学派创始人贾逵门下学习，学业突飞猛进，被人们称作"五经无双许叔重"。

许慎与许多学者一起对古籍进行了大规模的整理，他的博学赢得了学者们的尊重。其实，许慎不仅写了《说文解字》，还写了《五经异义》《孝经古文说》《淮南子注》等书，可惜的是，流传下来的只有《说文解字》一本。

人们常说："学而优则仕。"饱读经书的许慎也曾担任过郡功曹、校长、太尉南阁祭酒等职务，特别是在担任郡功曹一职期间，他对朝廷忠心耿耿，对百姓谦恭有礼，很受大家的爱戴与尊敬，因此被推举为孝廉。

正如时势造英雄的道理一样，许慎能写出《说文解字》也绝不是一件偶然的事情。他首先得益于当时的文化大环境。我们都知道，中国的文化发展到汉代已有相当高的水平，加上汉代统治者提倡经学，这一政策也促进了文化的繁荣与发展。

西汉时期，用当时较通行的隶书写的典籍比较多，因此围绕它们形成了今文学派。但就在这样一个今文学派占主体地位的时期，人们发现了一种古文字，这种古文字往往出现在一些古代的钟鼎器皿上或者是侥幸保存下来的免遭焚毁的藏书里，于是也有一些学者开始研究它们。

到了汉武帝时期，人们又在孔子旧宅中发现了用古文字书写的《尚书》《周礼》《论语》等书，引起了不小的震动。后来，这些典籍经过刘向、刘歆父子的研究整理，逐渐引起人们的重视，古文学派也应运而生了。

在许慎之前，有关书籍已有出现，如《尔雅》、李斯的《仓颉篇》、司马相如的《凡将篇》、杨友的《训纂篇》等，但是它们都不够完备，已不能满足当时社会的需要。这对每一个学者来讲都是一种挑战，而许慎就是在这些研究成果的基础上，加以总结、吸收，再加上自己的学识与努力，最后获得成功。

今、古文学派的对立也可以说是促使许慎写出《说文解字》的直接原因。今文学派的一些学者不认识古文字，但为了谋求个人私利，居然信口开河地解释文字甚至经书的内容，说什么"人持十为斗"，"虫者，居中也"。

这种望文生义的解释令许慎生气，他认为语言文字是约定俗成的，是有其自身规律的，任何人都不能随意地、主观地去解释。他毅然拿起笔，本着"理群类，解谬误，晓学者，达神旨"的宗旨开始撰写《说文解字》，从《说文解字》中，我们还可以了解到不少古代的政治、经济、文化、社会制度、风俗习惯，丰富我们的历史知识。其内容包含之多，正如许慎的儿子许冲在《上说文表》中说："六艺群书之诂，皆训其意；集天地鬼神，山川草木，鸟兽昆虫，杂物奇怪，王制礼仪，世间人事，莫不毕载。"

目的就是为了保存古文，捍卫古文的尊严。

决心已定，许慎便开始了呕心沥血的编写过程。从汉和帝永元十二年（100）开始，到安帝建光元年（121），经历了 21 个春秋。功夫不负有心人，许慎终于完成了这一著作。而这时的许慎也已心力交瘁，老病在床，已无法亲自呈上给朝廷，只能让自己的儿子许冲上表，献出这本几乎耗尽毕生心血的著作。

整书 15 卷，共收字 9 353 个，其中重文（即古籀异体字）1 163 个。单说这书名就很有学问的。"说文"与"解字"其实是并列的，古文字习惯上称独体为"文"，合体为"字"，把"说文"和"解字"放在一起，是比较完整与科学的，这里不难看出作者严谨的治学作风。

《说文解字》的体例比较复杂，从较大的方面来看，它的一个特点就是创立了部首，所以书中九千多字是按照偏旁部首归纳为 540 个部首的。这些部首绝大多数是形符，只有少数是声符，除了一头一尾的两个部首，其余的部首大体上是"据形系联"的，一般只要是形体相关或相近的，就被排在一起，如"人、匕、从、比、北"等部首，就是这样一种情况。

如果从小一些的方面来看，《说文解字》解释文字的办法，多为先解释字义，再分析形体构造，有的还写明读音。解释的方式多种多样，并且清晰而不杂乱。

《说文解字》在书写形式上，先列小篆，有的还写出古文、籀文，让我们能比较清楚地了解一些关于文字演变过程的情况，同时通过书中记载的汉以前的古训古音，也使我们的研究更加具有真实性、科学性。

建筑艺术

在汉朝长达四百多年的国家统一、社会稳定与文化繁荣的时代背景下，营造业得到很大的发展，出现了建筑史上第一个高潮，形成了独立的建筑体系，积淀了丰富的建筑文化。

中华建筑艺术中的柱梁、拱券、斗拱，在汉代有了长足发展，演变出丰富多彩的式样和装饰风格。

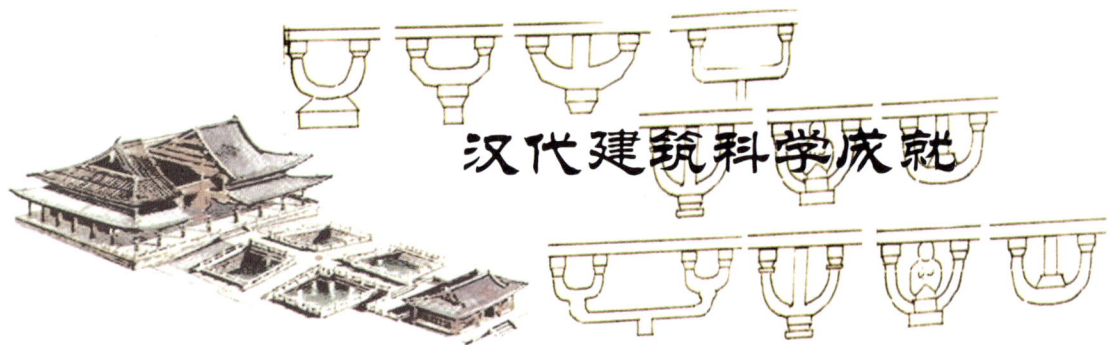

汉代建筑科学成就

汉代是我国封建社会经济、文化首次得到极大发展的时代，也是汉民族文化形成的重要时期。

在建筑科学上，我国传统建筑的抬梁、穿斗和井干三种主要大木构架体系都已出现并趋于成熟，与之相适应的各种平面布局和外部造型亦基本完备，中国古代建筑作为一个独特的体系在汉朝已基本形成。

台基是承受房屋整个载荷的基础，也是构成房屋比例平衡的重要组成部分，夯筑技术及瓦的使用使台基的出现成为可能和必然。

西汉时，传统建筑的抬梁和穿斗两大结构体系日趋成熟，梁架结构的发展，进一步扩大了室内空间，增强了室内采光，这也是建筑科学在发展过程中必须解决的一个重要课题。

独立承重结构的支柱在当时已被广泛采用，墙内柱及半附墙壁的附壁柱仍是支承屋顶整个载荷的主体。无论是独立柱、附壁柱、还是墙内柱，柱下都有圆形、方形或不规则形状的柱础石。柱础石的埋深一般与槽基同深。

中国古建筑体系形成

【建筑基础】

两汉时期，我国的传统建筑在基础的处理上已达到了一定的水平，其主要表现在：

基础的处理方式根据建筑物的功能需要和形态差别分别采取相应的形式。

基础墙体的处理已有了收分的概念，增强了建筑物本身的稳定性。

基础夯土直接打破生土，说明汉代人们对地层耐力及土的物理性质有了基本的认识。

砂垫层的使用，是古人对长期建筑实践活动的总结，也是对地层土壤性质尤其是砂的性质进一步认识的结果，进而也说明当时人们对地层应力及建筑物的不均匀沉降开始有所研究。

柱和墙结合使用，是对原始木骨泥墙建筑结构的发展，也是后代砖木混合——"墙倒屋不塌"结构的基础。柱础的使用进一步增强了承重柱在结构上的稳定性，同时也减轻了地下土壤中的水分对柱根部的侵蚀。

【建筑成就】

一、汉代兴建的长安城、未央宫、建章宫、上林苑和诸多的礼制建筑，都是十分宏伟壮丽的。这些大规模工程，在施工的组织和实施方面，必定十分复杂艰巨，然

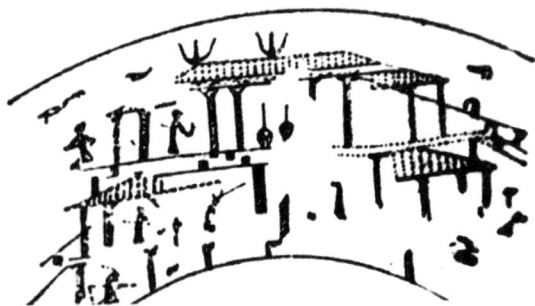

河南辉县战国墓出土铜鉴上雕刻建筑图中的柱上斗拱

而又都能得到顺利解决，古人这些方面所取得的成功和经验，就是在今天也是十分令人折服的。

二、中国的木框架建筑，特别是以抬梁式为主流的结构形式，到秦汉时期已经更加成熟并产生了重大的突破。高层建筑的木结构问题，到汉代得到了解决。它们的产生和运用，使得中国建筑又有了新的突破。

三、陶质砖、瓦及管道的使用，到秦汉时亦有了新的发展。汉代大量用砖于地下工程，例如西汉长安城的下水道，以及许多空心砖墓和砖券墓的地下结构。

四、中国传统建筑结构方式是柱梁或墙梁式，但西汉初已开始使用正规的拱券结构了。这时以筒拱为主要结构形式，大量用于下水道及墓葬。

五、在墓葬中大量使用画像砖和画像石，以代替容易朽坏的传统壁画与木雕。在雕刻手法上，既有线刻，也有浅浮雕和深浮雕，甚至还有圆体的透刻。此外，画像砖、画像石除了表现自身的艺术风格，还和其他墓中建筑构件如柱、梁、斗拱上的艺术处理（浮刻、圆雕、壁画等）相配合，达到了和谐的统一。

古建筑的抗震设计

在各种自然灾害中，地震灾害可谓"群害之首"。中国是一个多地震的国家，然而，中国许多古代建筑都成功地经受过大地震的考验。古建筑为何能抗震？它们又是怎么抗震的？

【"整体浮筏式"基础】

中国古代很少建造平面复杂的建筑，主要采用长宽比小于2:1的矩形。规则的平面形态和结构布局有利于抗震。传统建筑往往是中间的一间（当心间）最大，两侧的次间、梢间等依次缩小面宽，这样的设计非常有利于抵抗地震的扭矩。

中国古代建筑一般由台基、梁架、屋顶构成，高等级的建筑在屋顶和梁柱之间还有一个斗拱层。中国古代建筑的台基用现代结构语言描述，堪称"整体浮筏式基础"，好比是一艘大船载着建筑漂浮在地震形成的"惊涛骇浪"中，能够有效地避免建筑的基础被剪切破坏，减少地震波对上部建筑的冲击。

中国传统建筑的梁架一般采用抬梁式构造，在构架的垂直方向上，形成下大上小的结构形状，实践证明这种构造方式具有较好的抗震性能。优雅的大屋顶是中国古代传统建筑最突出的形象特征之一，而且对提高建筑的抗震能力也作出过相当的贡献。形成大屋顶（尤其是庑殿顶、歇山顶等）需要复杂结构和大量构件，大大增加了屋顶乃至整个构架的整体性；庞大的屋顶以其自重压在柱网上，也提高了构架的稳定性。

古建筑的"斗拱卫士"

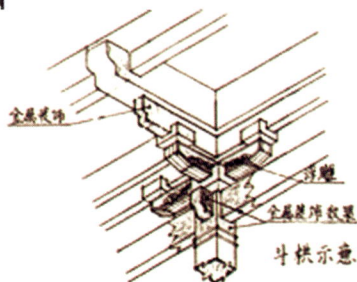

斗拱在地震时就像汽车的减震器一样，起着变形消能的作用。它是由若干斗形的木块和弓形的短枋木相互交接组合而成的构件，用在柱头顶或额枋之上，起着承托梁架和出挑屋檐的作用。

当地震发生时，屋顶与柱之间的若干组内外檐斗拱像弹簧层一样起着变形消能的作用，从而大大减少了建筑物的破坏程度。

历史上，很多带斗拱的建筑都能抵御强烈地震，比如山西大同的华严寺，在没有斗拱的低等级附属建筑被破坏殆尽的情况下，带斗拱的主要殿堂仍能幸存，充分说明了斗拱对抗震的贡献。

斗拱不但能起到"减震器"的作用，而且被各种水平构件连接起来的斗拱群能够形成一个整体性很强的"刚盘"，按照"能者多劳"的原则把地震力传递给有抗震能力的柱子，大大提高了整个结构的安全性。

【榫卯是抗击地震的关键】

榫卯的使用，是古建筑抗震的关键。榫卯这种极为精巧的发明，祖先7 000年前就开始使用了。这种不用钉子的构件连接方式，使中国传统的木结构成为超越了当代建筑排架、框架或者刚架的特殊柔性结构体，不但可以承受较大的载荷，而且允许产生一定的变形，在地震载荷下通过变形吸收一定的地震能量，减小结构的地震响应。

【建筑构架的整体性】

还有如柱子的生起、侧脚等技法降低了建筑的重心，并使整体结构重心向内倾斜，增强了结构的稳定性；柱顶、柱脚分别与阑额、地栿以及其他的结构构件连接，使柱架层形成一个闭合的构架系统。用现代术语来说，就是形成上、下圈梁，有效地制止了柱头、柱脚的移动，增强了建筑构架的整体性。梁架系统通过阑额、由额、柱头枋、蜀柱、攀间、搭牵、梁、檩、椽等诸多构件强化了联系，显著增强了结构的整体性。

柱子与柱础的结合方式能显著地减少柱底与柱础顶面之间的摩擦，进而有效地产生隔震作用；在高大的楼阁中，如独乐寺观音阁、应县木塔等，都在暗层中设有斜撑，大大强化了构架对水平冲击波反复作用的抵抗能力。

在外檐柱间设置较厚的墙体，起到现代建筑中"剪力墙"的作用；古代建筑中的各种构造，大到建筑群体的布局处理，小到构件断面的尺寸设计，处处都展示出古代工匠们在抗震设计方面的知识和匠心。

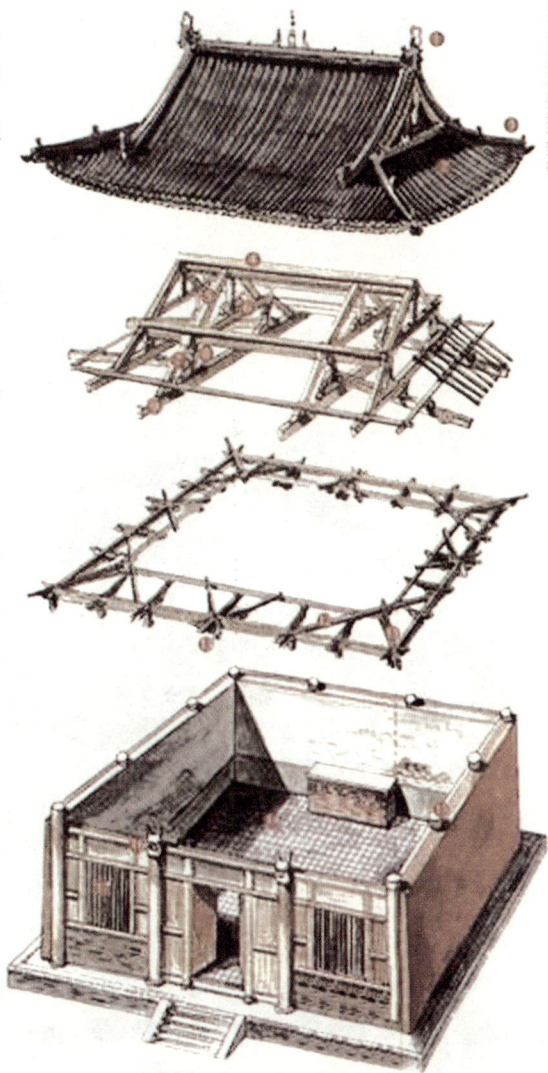

汉画像砖的美学信息

汉画像砖（石）呈现的内容包罗政治、经济、文化、民俗等各个方面，是研究汉代历史的大百科。人们从汉画像砖拓片中可以看出汉代的繁荣和昌盛。

汉代是中国建筑史上第一个高峰期，当时已使用砖石结构，民居楼房有四五层之高，并有阙、观、台、阁等。从汉代人所使用的钢剑和铁剪上可以看到当时钢铁的使用已相当普遍。

由于画像砖资源稀缺，后人多从画像砖拓片上欣赏其魅力。从原砖上拓制而成的拓片，是一门集金石学、考古学、美学于一体的艺术门类。

尤其是汉画像砖拓片，由于不允许随意传拓，清代以前的存世极少，被专家视为一纸难求的"宝物"。

"乐舞百戏" 之 "体育活动"

　　汉画像砖不仅表现汉代的风土人情，还有许多待解的文化之谜。比如胡人狩猎者穿的是古代波斯人的服饰；2 000 多年前汉代少女身穿的大摆裙与欧洲古典淑女的着装颇为相似。这些有待揭开的谜底为古代史的研究提供了宝贵线索。

【舞乐杂技】

　　从汉画像砖可以看出汉代经济、文化艺术的繁荣和人们丰富的精神世界。比如当时的角抵戏已经有故事情节，并且包含了科、白、唱三大表演艺术，被看成是中国戏剧的雏形。男士跳的建鼓乐舞和女士跳的长袖舞，已有乐队伴奏。

舞乐杂技

　　该画像石据说出自华东一带，长 164 厘米，宽 40 厘米，平地四面线刻。一条横线将画面分割成上下两个部分，上为"乐舞百戏"，下为"车马出行"，刻画出当时达官贵人乘车坐马，赶宴赴饮，在鼓乐声中欣赏各种戏舞表演的奢侈生活景况。

　　"乐舞百戏"在汉代极为流行，它汇聚了"竞技、杂耍、歌舞、幻形"等综合性的艺术形式，是中国表演艺术史上的创举。当时虽然尚无"体育"一词（据考证，"体育"一词是 19 世纪从日本传入的），但现代意义上的体育活动却十分普遍。这种体育活动很大一部分就包含在乐舞百戏之中。

【体育武术】

　　汉代还出现了中国最早的棋类六博，并有斗牛、斗熊、射虎、射鹿、斗鸡、武术等体育运动。

　　汉代画像石（砖）拓片《乐舞百戏车马出行图》真实地记录了当时体育活动的场面。其活动种类之众多，运动姿态之优美，"男女长袖舞"人物形象之生动，是单幅汉画中所罕见的。

　　体育活动画面有跳绳、射箭、

体操（翻筋斗）、击剑等。古代的一些体育活动项目，往往是与当时的军事活动、生产活动相连的。

射箭，就是春秋战国到汉代，在作战训练和狩猎中形成的比较普遍的活动。拓片中刻画了单人下蹲式射箭的姿态。

翻筋斗，也叫"跟斗""连倒"，它是体操技巧运动的基本功之一。

据资料记载，由于长期征战，汉代的剑术已相当成熟，在当时的击剑训练中，既有单剑训练，也有双剑训练。拓片上击剑的画面，正是这种活动的真实写照。

特别是"跳绳"组图，刻画了两个女子单人跳绳的形象：当绳子摇到头上时，女子双脚落地；而当绳子接近地面时，女子双脚跳起。这一上一下、一落一起，把跳绳的整个过程描绘得惟妙惟肖。我们不知道"跳绳"在汉代称作什么，有人说古时叫"跳百索""跳白索"，但这种活动从汉代（甚至汉以前）就已经普及，并一直延续至今，甚至连动作都丝毫未曾改变，确是不争的事实。

【六博棋艺】

左边这幅图叫《六博图》，出自陕西米脂，高96厘米，宽32厘米，别地平面线刻。该类题材在汉画像石中

开心i百科

www.kaixin100.net

汉画·画像砖

汉画主要存载于现存的汉代墓室壁画、帛画、画像石、画像砖及各种器物画之中，内容十分广阔丰富，几乎可以囊括汉代社会生活的方方面面。正如我国国学大师、红学专家冯其庸先生所说："全部汉画的总和，无疑是一幅汉代社会的风俗画。"

汉画像砖是一种表面有模印、彩绘或雕刻图像的建筑用砖，它形制多样、图案精彩、主题丰富，深刻反映了汉代的社会风情和审美风格，是中国美术发展史上的一座里程碑，具有极高的艺术价值、考古价值和文化研究价值。

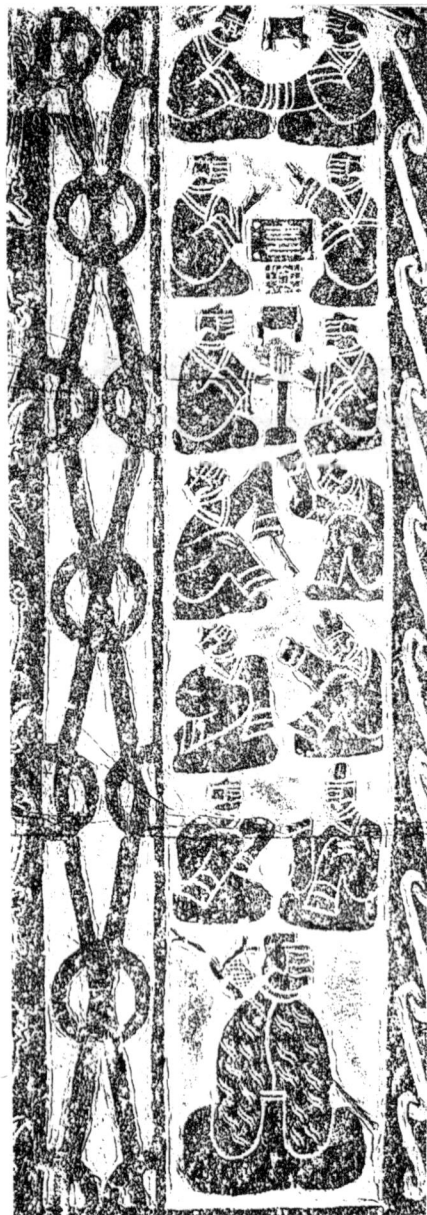

虽多有表现，但在一石上通过多幅画面表现二人对博欢饮的全过程，却是不多见的。

除围棋、中国象棋之外，六博是我国古代另外一种棋类游戏，它比中国象棋早得多，从春秋战国到汉代乃至隋唐都十分盛行。《史记·滑稽列传》说："若乃州闾之会，男女杂坐，行酒稽留，六博投壶。"

唐代大诗人李白有诗云："六博争雄好彩来，全盘一掷万人开。"可见六博是当时上至宫廷贵族、下至平民百姓喜闻乐见的娱乐项目。

所谓"六博"，是因一套博具中有六根箸而得名。除了箸之外，对博双方各有六枚棋子，棋子布在博局上。通常行棋之前要投箸，根据投的结果来决定行棋的步子。六博的行棋技法早已失传，但其为中国象棋和国际象棋的鼻祖却是世人公认。

该拓片用六幅画面将落坐、投箸、对博、欢饮等六博的过程刻画得活灵活现。这种具有益智特点的盘上棋类游戏，讲究身心和谐、内外兼修，与中华民族所强调的人文精神是一致的。这一点，从拓片的幅幅画面中都可以强烈地感受得到。

农业对"天时"把握的需要，促进了数学和天文学的发展。在汉代出现了三统历，这是我国现存第一部完整的历法。东汉时刘洪经过多年研究，完成了乾象历，标志着古代历法体系趋于成熟。

算盘是由早在春秋时期便已普遍使用的筹算逐渐演变而来的。珠算最早见于文献的是东汉《数术记遗》一书，记叙了东汉天文学家刘洪的"珠算"。

天体运动和宇宙结构的学说已经出现了三种：盖天说、浑天说和宣夜说。张衡继承和发展了前人的浑天理论，大胆地对天象提出了许多新的见解。

张衡在前人发明的浑天仪的基础上，根据自己的浑天说，创制了一个比以前都精确、全面得多的"浑天仪"。

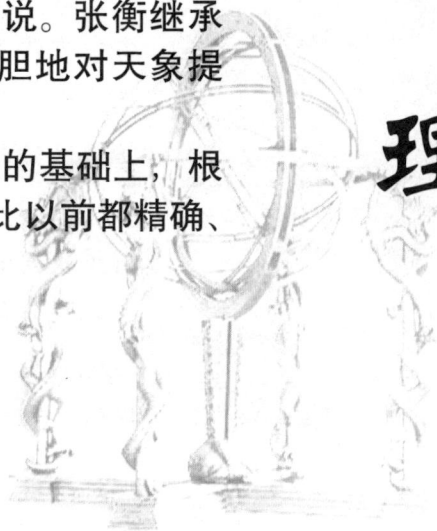

天文数理

新星记录和"彗星图"

我国商代甲骨文中就有新星的记录。时间和方位确切的新星记录始于《汉书》，记载的是前134年二十八宿中房宿出现的一颗新星。

新星或超新星一般只维持几年或十几年，然后就又暗下去不见了，如同在天上作客，古代称为"客星"。在我国古籍中，共记录了约90颗新星或超新星。

20世纪发展起来的射电天文学，发现了宇宙中有许多射电源。射电源在不断地向外发射无线电波，用射电望远镜可以接收到，但用光学望远镜却看不到。

有的天文学家提出：射电源是暗下去了的新星或超新星。把中国古代关于新星和超新星的记录仔细研究以后，发现有一些确实和现代发现的射电源对上号，因此就为这一理论探讨提供了证据。

【彗星图】

原图长 150 厘米，宽 48 厘米。1973 年湖南长沙马王堆三号墓出土，湖南省博物馆藏。

原图《星占》部分在天蝎座和北斗之间绘有二十九幅彗星图。

所绘彗星有三种不同的彗头，四种不同的彗尾，说明当时对彗星形态的观察已很精确，分类也很科学，反映了我国当时天文学的突出成就。

韩信立马分油

泊松分酒

法国数学家、物理学家和力学家泊松（1781－1840），有许多著名公式定理以他的名字命名，比如概率论中著名的泊松分布，等等。

他在闲暇时提出过一个有趣的问题，后称为"泊松分酒"。

我国古代很早就提出过类似问题，其中流传较多的就是"韩信走马分油"。

遗憾的是：许多早千百年的发现和发明，后人都没有跟进探索，停滞不前是整个封建社会的通病。

韩信是汉高祖刘邦手下的兵马大元帅，不仅善于用兵打仗，而且精通天文、地理和数学。

有一次，韩信看到两个合伙卖油的商人，正在争论不休，急得脸都涨红了。他驱马上前一问，原来是为了一件小事。这两个商人做完生意后，还剩下１０斤油，打算平分了。

可难题是当时没带秤，只有盛10斤的一个油篓，盛7斤一个油罐和盛3斤一个油葫芦。两人折腾半天也没分开，二人抱怨起来："难也！"

为难之际，韩信骑马路过，尚未离鞍。在马上问之，二人叙述后，韩信笑道："易也。"

他对商人说："何难？葫芦归罐罐归篓！"

一开始，两个商人还摸不清头脑地抓耳挠腮。过了一会儿，才恍然大悟，连声喊道："对呀，对呀！有办法啦！"

原来，他俩先把１０斤油都集中到篓里，接着两次灌满葫芦，倒进油罐。再灌满葫芦倒入油罐1斤，使油罐装满，将罐中7斤油全部倒入油篓，将葫芦中剩余的2斤油倒入油罐，然后，将篓中油灌满葫芦，将葫芦中的油倒入油罐。这样，篓中与罐中便各有5斤油了。

在场的士兵目睹了这一情景，对韩信的智慧钦佩不已。从此，"韩信立马分油"的故事就广泛流传开来。

【列表说明】

倒油次数	0	1	2	3	4	5	6	7	8	9	10
油篓	10	7	7	4	4	1	1	8	8	5	5
瓦罐	0	0	3	3	6	6	7	0	2	2	5
葫芦	0	3	0	3	0	3	2	2	0	3	0

"韩信分油"是今日小学生都能解的数学题，科技史也不会把这传说列入"数学发现"。这里，想要提示的是韩信所说的"易"字，作为对万事万物"数理之变"的应对能力。

【请你指点】

有个江苏小学生在做奥数题时发现：换一种方法，比韩信还少倒一次油，请你多思考，能不能想出更"简易"的解题方法？

倒油次数	0	1	2	3	4	5	6	7	8	9
油篓	10	3	3	6	6	9	9	2	2	5
瓦罐	0	7	4	4	1	1	0	7	5	5
葫芦	0	0	3	0	3	0	1	1	3	0

"珠算" 是谁发明的

刘洪（约130—196年），字元章，东汉泰山郡蒙阴（今山东蒙阴县）人，杰出的天文学家和数学家。

徐岳（？—220）字公河。东汉著名数学家、天文学家，世界第一位"珠算"提出者和"算盘"记录者。

算盘是由早在春秋时期便已普遍使用的筹算逐渐演变而来的。珠算最早见于文献的是东汉《数术记遗》一书，记叙了东汉天文学家刘洪的"珠算"，可见汉代已出现用珠子计算的珠算方法及理论。

东汉灵帝时，著名天文学家刘洪"按数术成算"创造了"乾象历"，并"亲授其法"予徐岳。徐岳潜心钻研晦、朔、弦、望、日月交食等历象端委，进一步完善了"乾象历"，后又把该历法传授给吴国中书令阚泽，使历法得以在吴国实行。

历法的钻研为徐岳以后从事算学研究打下了坚实基础。他搜集先秦以来的大量数学资料，撰写出《数术记遗》《算经要用》等数学著作。

《数术记遗》详细地记录了他与刘洪算术问答的精华，介绍了 14 种计算方法。第一次记载了算盘的样式，并第一次定名为"珠算"。

刘洪于汉桓帝延熹年间（158 － 166）"以校尉应太史徵，拜良中"。为官数载，清正廉洁，吏民皆畏而敬之。

刘洪自幼勤奋好学，具有渊博的知识。由于他是鲁王宗室，所以，年轻时就成为宫廷内臣，这对于施展他的政治抱负和潜心研究天文历算有着得天独厚的条件。

刘洪最大的贡献是发明了珠算。珠算，是用算盘进行运算的工具。珠算的发明，使人们的计算能力产生了一次飞跃，珠算是计算机发明以前世界上最先进的计算工具，至今仍被许多人所使用。"珠算"这个名词，也最早见于徐岳所著的《数术记遗》一书。徐岳在书中说："刘会稽，博学多闻，偏于数学……隶首注术，仍有多种，其一珠算。"徐岳所说的刘会稽就是刘洪。

刘洪还创造了我国第一部考虑了月球运动不均匀的历法《乾象历》。在推算日食、月食时采用了定朔的方法，测得近月点的长度为 27.5508 日，白道和黄道约成 6 度的角，从中找出每天实际运动度数和平均运动度数的差，由此可平朔推求定期。《乾象历》对历代历法的修订产生过极大的影响，为后世所沿用。

刘洪的另一重要成就是和蔡邕一起补续了《汉书·

律历记》，其中许多资料被都被后来的《续汉书·律历记》所采用。

算盘是中国传统的计算工具，是中国古代的一项重要发明，在阿拉伯数字出现前是广为使用的计算工具。

现存的算盘形状不一、材质各异。

一般的算盘多为木制（或塑料制品），算盘矩形木框内排列一串串等数目的算珠，中有一道横梁把珠统分为上下两部分，算珠内贯直柱，俗称"档"，一般为9档、11档或15档。档中横以梁，梁上2珠（财会用为1珠）每珠为5；梁下5珠（财会用为4珠），每珠为1。用算盘计算称珠算，珠算有对应四则运算的相应法则，统称珠算法则。

相对一般运算来看，熟练的珠算不逊于计算器，尤其在加减法方面。用时，可依口诀，上下拨动算珠，进行计算。

珠算计算简便迅捷，在电子计算机出现之前，为我国各行业会计、银行、商店等普遍使用的计算工具。

王充写《论衡》

王充写的《论衡》，宣传唯物主义和无神论，批判了天人感应和谶纬等迷信思想，是我国思想史上一部富有批判性的重要著作，对以后的唯物主义思想家影响很大。

王充是会稽上虞（今浙江上虞县）人。王充小时候就很聪明，也很用功。6 岁的时候开始识字读书，8 岁的时候进了书塾，学习成绩一直很好。他 20 岁的时候，为了学习更多的知识，离开家乡，到洛阳的太学来求学。

太学主讲官是著名学者班彪。班彪学识渊博，讲课时旁征博引，常能讲出一些自己独到的见解。王充跟着老师，虚心求教，学到了很多知识。

王充对课堂上学到的知识并不满足，有多余时间他就去找些别的书来读，时间一长，他把太学里收藏的那些书差不多都读了一遍。

王充有空还上洛阳的街市去逛逛。王充逛街，不去别的地方，专去书铺。书铺主人看到王充，便开玩笑地问："今天你要买什么书呀？

王充不好意思地笑了笑。店主人知道这个小伙子穷，买不起书，每次来书铺，总是只看不买，这会儿肯定也不是来买书的，不过和他逗着玩罢了。他对王充说："你随便吧，买不买都不要紧的。"

《汉书》

班彪是东汉著名的史学家，他想把司马迁的《史记》接着写下去，就写了一本书叫《史记后记》，也称《后传》。可惜未完成就死了。

他的儿子班固、女儿班昭又先后接着写，最后写成了一部有名的历史巨著——《汉书》。

王充感激万分，便去找新书翻看起来。

店主人感叹地对旁边的人说："唉，我这个开书铺的，自家儿子却不愿读书。可这小伙子读书多么认真，一本新书，他看一遍，就能记个八九不离十，将来必是当官的料啊。"

旁人不信，店主就把王充叫来，让他把刚才读的那本书讲讲看。

王充不慌不忙，把那本新书的大致内容讲了一遍。众人连声称奇，拍手叫好。

有人听说王充很有学问，就上前向他求教："听说善有善报，你说这话有道理吗？"

王充说："善有善报的巧事是有的，但并不是一定的。"

那人说："我听说春秋时候有个楚惠王。有一次他吃酸菜，发现酸菜里有一条水蛭（也叫蚂蟥）。他想，如果我说出酸菜里有水蛭，那厨师肯定是要被处死，为一条水蛭杀死一个厨师多不好。于是他就悄悄地把水蛭和酸菜一起吞了下去。谁知到了晚上，楚惠王解大便，居然把水蛭给拉了出来。不仅如此，楚惠王原来有肚子痛的怪病，怎么治都治不好，这次却全好了，你说这不是'善有善报'吗？"

王充听了就说："这就是巧合了，其实这并不是什么善有善报。我认为，水蛭到了楚惠王的肚子里，人的肚子里是很热的，水蛭就受不了，所以楚惠王解大便时水蛭就出来了。至于楚惠王肚子里的病么，那是因为他肚子里有淤血，而水蛭正好是爱吸血的，水蛭在他肚子里就把他肚子里的那些淤血吸走了。这样，楚惠王的病自然就好了。你们说，这怎么会是什么善有善报呢？"

　　王充的话，虽然并不完全符合今天的科学道理，但他反对迷信思想，这在当时确实很了不起。别人听了他的话，对他都很佩服。

　　又有一次，王充听说有人被雷击打死了，据说那个被雷打死的人做了亏心事，所以遭到了报应。这叫"恶有恶报"。王充听了根本不相信，他跑到现场实地观察，发现那人的头发被烧焦了，身上也有烧焦的糊味。他对人说："打雷实际上是一种天火。你看打雷时有闪电，闪电是什么？那就是火！这人是被天火烧死的，这是他在打雷时不注意避让，被雷击中而死。天上哪有什么雷啊？更没有什么恶有恶报。"

　　王充在洛阳学习了几年，本来可以在那里混个官儿做做，但还是决定回家乡去教书。后来他在地方上也做过一些像秘书一类的小官，时间都不长，因为他与当地有权势的人合不来。

　　王充有个同乡还曾经向汉章帝推荐过他，说王充的学问很大，从远的讲可比孟子，从近的讲可以比写《史记》的司马迁。章帝听了就传他出来做官，王充却推说身体不好，没有去做官，情愿在家中写书。他的著作很多，有《饥俗》《政务》《论衡》《养性》等，不过保存下来的却只有《论衡》这一本书。

　　王充写《论衡》十分认真，花费了好几年工夫。为了集中精力写书，他连客人都不愿见，别人什么结婚、过生日、吊唁死人等事情，他一概不参加。他还在自己的卧室和书房的窗台上、书架上、壁洞里，随处都放上笔、刀和竹木简等书写的用具，想到什么好的句子就立刻

记录下来。时间长了，这些材料堆放了好几个屋子。所以王充的《论衡》，不仅观点新颖，材料充实，而且十分有说服力。

《论衡》一书的名称，就是评论、衡量的意思，也就是批判的意思。王充在这部著作中，对当时思想界保守、复古，社会上迷信、盲从的风气，进行了深刻的揭露和批判。这本书在历史上影响很大。

王充善于独立思考，敢于怀疑一切、批判一切。他对当时学术上最有权威的儒家的六经和孔子、孟子的讲法，都认为有不恰当的地方，并提出了自己的意见。他认为孔子也不是"不学自知，不问自晓"的，他也有不懂的东西。他认为孔子是人而不是神。他提出的各种观点在当时是需要很大勇气的。

当时社会上流行所谓"谶纬之学"，就是用一种隐晦难以理解的言辞，预言吉凶祸福，或曲解经书的含意。这其实是一种迷信思想，但当时许多人相信这个。王充在写《论衡》时，对这种说法进行了无情的揭露和批驳。

当时有些人认为帝王就位，政治好坏，都有一些征兆出现，说明有"天意"存在。王充认为，鸟兽并不知道人类社会的政治文化、社会好

开心e百科

www.kaixin100.net

《论 衡》

《论衡》全书共计十三卷，八十五篇，佚亡一篇。该书作成于汉章帝元和三年（86），以道家的自然无为立论宗旨，以"天"为天道观的最高范畴。以"气"为核心范畴，由元气、精气、和气等自然气化构成了庞大的宇宙生成模式，与天人感应论形成对立之势。在主张生死自然、力倡薄葬，以及反叛神化儒学等方面彰显了道家的特质。

王充以事实验证言论，弥补了道家空说无着的缺陷，是汉代道家思想的重要传承者与发展者。王充思想虽属于道家，却与先秦的老庄思想有些区别，虽是汉代道家思想的主张者却与汉初王朝所标榜的"黄老之学"以及西汉末叶民间流行的道教均有所不同。

坏，它们又怎么可能预先告知人们一些什么呢？一些奇异的动植物因为稀罕，人们见了就少见多怪，说什么"国家将兴，必有祯祥；国家将亡，必有妖孽"。王充认为这都不可信。他认为天是没有意志的。

有些人认为人死了会变成鬼，有知觉，能害人。王充认为人活着血脉流动，精气存在，有知觉；人死了血脉不流动，精气散了，形体也逐渐腐朽，变成灰土，哪里还有鬼？哪里还有什么知觉呢？害人要手足健全，筋骨强，有力气才行；人死了，这一切都没有了，拿什么去害人呢？

如果说人死了都会变成鬼，那从古至今，死了无数的人，如今不是鬼比人还多吗？那不是要处处见鬼，成鬼世界了吗？那么有些人却说自己真的见过鬼，这又怎么理解呢？他认为这不是真的有鬼，而是由于人身体有病，神经衰弱，再加上思念存想，即所谓心理作用，就会产生幻觉，仿佛见到了鬼。他认为世上并无鬼，所以提倡人死后不要厚葬，不必在死人身上浪费钱财。

科 学 家 张 衡

张衡 (78—139)，字平子，东汉时南阳西鄂人 (今河南南阳县)，是我国古代杰出的数学家、发明家、地理学家、世界上最早的伟大天文学家之一；他也是一位文学家，与司马相如、扬雄、班固并称"汉赋四大家"。

张家是南阳的名门望族，张衡的祖父张堪是曾被称为"圣童"的才子，担任过蜀郡太守等职。后来家道中落，张衡从小过着较为清贫的生活。但在家庭的文化气氛中，张衡从小养成了好读书、爱思考的习惯。他饱读诗书，学贯文艺，即礼、乐、射、御 (驭)、书、数，却从不骄傲自满，总是孜孜不倦地追求学问。

在汉代，许多大学者都不满足于闭门读书，有周游天下、寻师访友来提高学术水平的求学风尚，像司马迁、司马相如、枚乘、扬雄等。

94 年，张衡才 17 岁，受前辈良好学风的影响，离开家乡，游览名山大川，考察历史古迹，访问民情风俗。雄浑的山川，莽莽的原野，开阔了张衡的眼界，培育了他的远大志向。

他先到了汉代学术文化的中心三辅，即京兆、左冯翊、右扶风 (今古都长安及其周围地区)，接着到了东汉京城洛阳。在洛阳，他结识了不少著名学者，有经学大师马融，思想政论家王符，天文学家、数学家崔瑗，与他们谈论交流，从中增长了学识，对科学产生了广泛的兴趣。

110年3月，朝廷颁布命令，要中央和各地官员推荐人才，张衡被推荐上了。这时他已经回家乡潜心研究学问，朝廷用公车把他接到了洛阳。他先做郎中，是皇帝的随员，不久就改任为太史令。

太史令掌管天文、历法、史记，是中央的高级学术官员，还专为朝廷观测、记录天象，选择"黄道吉日"（可以举行重大活动的好日子）和记载全国各地发生的某些自然现象。张衡博学多艺，对天文、阴阳、历算更为专长。职务与专业对口，志趣相合。这时他已经34岁了，正当年富力强，勤于研究，敢于作为，很快取得了惊人的成就，发明了浑天仪，写了天文著作《灵宪》《浑天仪图注》和数学著作《算罔论》。

张衡在天文学方面的成就最为突出，而其中最重要的是制造了"浑天仪"。

浑天仪是张衡根据他的浑天说而制作的测定天象的天文仪器。"浑天说"是关于宇宙构造的一种学说，兴起在西汉中期，它认为天地的形状像个鸟蛋，天像蛋壳，地像蛋黄，地在天内，日月星辰都在蛋壳上不停地转动，天和地的关系就像壳包着黄那样，所以叫做浑天。

此外，当时还有"盖天说"，认为天像盖笠，地像棋盘，日月星辰都附在天盖上面，盖不停地转动，日月星辰也跟着转动。"宣夜说"则认为天没有一定的形状，日月星辰都自然地浮在虚空之中。浑天说论地球的位置，盖天说论众星的运行，宣夜说论天的性质，各有侧重，都有可取之处。

张衡通过观测天象，苦心研究，创造了"新浑天说"。

他还认为月亮是不会发光的，月光是太阳光照在月亮上反射的。月亮对着太阳的时候，是满月，背着太阳的时候，月亮就不见了。对月亮的盈缺做了科学的解释，这在天文学史上，是一个创造性的重大贡献。

117年，张衡根据他的新浑天说，制造了比以前更精确全面的"浑天仪"。它是用铜铸成的，是一个可以转动的空心铜球，外圈的周围约有1.461丈，铜球的外表刻有二十八宿和其他一些恒星的位置。球体内有一根铁轴贯穿球心，轴的两端象征北极和南极，球体的各层铜卷分别代表地平线、子午线、赤道和黄道，赤道和黄道上各刻有二十四个节气，凡是张衡当时所知道的重要天文现象都刻在浑天仪上了。

他又制造了一组滴漏壶，和浑天仪联在一起，作为使浑天仪自转的动力。滴漏壶是测知时刻的仪器，张衡经过设计，使壶中的滴水推动齿轮，齿轮再带动浑天仪。浑天仪一天一转，自动呈现着日月星辰出没的天文现象。

张衡浑天仪的精巧程度已接近现代水平，在当时是举世无双的。可惜，张衡所制的浑天仪在南朝刘宋以后，下落不明了。

在一度调任公车司马令这个宫廷职务后，到126年，张衡重新调回太史令的职位。在第二次太史令的任期中，他完成了地动仪的制作，这是世界科学史上另一个不朽的发明创造。

张衡生活的时代，曾经多次发生过大地震，地震对国家和人民造成了很大的危害。他认为科学技术应该"佐国理民"，为国家和人民服务。

在长期观察日月运转的过程中，他逐步掌握了许多大自然的科学规律，认识到地动是一种自然界的现象，和人事没有关系，它是地底下的一种力量在运行，肯定会有一些迹象可以观察。经过长期不懈的努力，终于在132年发明了可以设定地震的时间和方向的地动仪。

张衡制造的地动仪，相当灵敏准确，洛阳几次地震都被测到。

138年2月的一天，地动仪正对西方的龙嘴突然张开，铜球掉到蛤蟆嘴里，张衡报告说西边发生了大地震，可是洛阳人没什么地动的感觉，引起了官员、学者的怀疑，议论纷纷。可是过了几天，陇西（今甘肃东南部）来人报告，说那里发生了大地震，陇西离洛阳有1000多里，地动仪竟然也能测到，大家因此都很佩服张衡。

张衡的地动仪是世界上第一架地震仪，它的精密程度已经达到相当高的水平。欧洲在1880年才制造出地震仪，比张衡晚了1700多年。

张衡的地动仪后来失传，现代科学家根据张衡的原理，制造了一个木质复原模型，陈列在北京历史博物馆。

张衡的一生，可以说是发明家的一生，除了浑天仪、地动仪，他还发明过测验风向的候风仪（又叫相风铜鸟）、三轮自转的自动车（有人说即记里鼓车）、腹藏机械能飞几里的自动木鸟、测量日影的仪器土圭，还重新制造了指南车，等等。

他的学术成就是多方面的，地理学也有造

开心ⓘ百科
www.kaixin100.net

"论天三家"

随着天文学研究的深入，出现了系统的天文学理论。汉代主要有"论天三家"，即盖天说、浑天说和宣夜说。盖天说的代表是《周髀算经》，主张天是拱形的，日月星辰绕天穹中央北极运动，其东升西降是因远近所致；浑天说的集大成者是张衡，主张浑天如鸡子，地如鸡中黄，天包地浑圆如弹丸、天地乘气而立、载水而浮；宣夜说的代表人物是东汉时的郗萌，主张天体在广阔的空间分布，运动是随其自然的。

诣，绘制的一幅地图曾流传了几百年。在文学艺术上，他擅文，是汉朝四大赋家之一。

但是，张衡晚年并没有得到政府的重用，被排挤出朝廷，到外地任职。139年，这位中国古代伟大的科学家、杰出的工程师客死他乡，终年62岁。

家境艰难多磨炼

张衡是南阳人。东汉时，南阳作为一个著名的经济文化中心，与当时的洛阳、长安鼎足而立，号称"南都"。

南阳坐落在河南省南部的南阳盆地的中央，三面群山环抱，南面是湖北省的襄樊盆地，北面为高大峻拔的伏牛山脉，西面为连绵的山坡、丘陵，东侧为大别、桐柏低山、丘陵。

南阳的周围，为一平展开阔的冲积平原。南阳东北的独山、西北的殷山和蒲山，都以兀立的状态屹立在广阔的平原上。

南阳处于长江和淮河两大水系的交接地带，为荆、楚和吴、洛地区的交通孔道，战略地位十分重要，历来为兵家必争之地。

中国有句古话：人杰地灵，南阳是个地灵之处，必然人杰多多。

春秋时，秦国名相百里奚曾在南阳蛰居；"中兴之主"东汉光武帝刘秀和他的许多能征善战的将领大都生于南阳一带。

张衡的家庭是南阳著名的大族，据史书记载，他的祖先，曾为春秋时晋国的大夫。他的曾祖父在王莽时代是个大地主，死得比较早。而真正对他产生重要影响的，则是他的祖父张堪。

张堪，字君游，很小就死了父亲。长大以后，他把父亲留下的数百万财产留给了兄长的儿子，表现出很好的品德。

16 岁时，他被推荐到长安去学习。由于他天资聪慧，学习刻苦，成绩出众，又有远大的志向，所以许多老学者对他都非常赞赏，称他为"圣童"。

西汉末年，外戚王莽篡夺西汉王朝政权，代汉而立，建立新朝。阶级矛盾不断激化，17—18 年，农民起义相继爆发，湖北有绿林军，山东有赤眉军，河北有铜马军等。

刘秀纠集南阳的豪强地主起兵，张堪则追随、效忠刘秀，为东汉王朝的建立立下了汗马功劳。刘秀任命他为郎中，不久又提升为蜀郡太守。

张堪在蜀郡做了 2 年的官，后来被调入京城做骑都尉，离开成都那天，张堪乘着折辕车，车上仅有一些布被包裹，没有任何金银财宝。

光武帝刘秀对张堪为官清廉早有所闻，正要征调他加以重用，不幸张堪病死渔阳。他非常惋惜，降旨褒扬张堪，并赏赐给 100 匹帛。

张堪廉洁奉公、为民造福的优秀品德，深深地印在了张衡幼小的心里，他决心将来一定要像祖父那样做一名为百姓谋福的官员。

由于张堪生前为官清廉，个人没有多少积蓄，他一去世，家境便很快衰落下去了，再加上张衡的父亲未及入仕便已死去，到张衡童年时期，家庭生活已经相当清苦了。

76—83年，南阳发生了灾荒，米价异常昂贵，许多人背井离乡，出外谋生。当时南阳宛城的富豪朱晖分散家资，赈济亲友中生活贫困的人家。朱晖早年曾与张衡的祖父张堪有过一段交情，他担心在这灾荒年月里他们无法度日，便亲自到张衡家问候，送给他们钱财衣物。

贫困生活磨炼了张衡的意志。他坚信通过刻苦学习，自己一定能够干出一番惊天动地的事业，他渴望着能到广阔的天空去飞翔……

杜诗水排边的梦想

对张衡一生产生重要影响的还有当时著名的科学家杜诗。由于杜诗办事干练，有决断，很受光武帝的赏识。31年，杜诗调任南阳太守。

南阳是个大郡，又是刘秀的老家，许多中兴将领都是南阳的豪强富户。他们依仗权势，在乡里横行霸道，因此，一般人谁也不愿意到南阳去做官。杜诗到南阳后，执法严厉，打击了一批作恶多端、民愤极大的豪强地主。

杜诗领导郡内百姓大搞水利，扩大耕地面积，设计和制造先进的农具和利用水力资源的水排，为人民做了不少好事，受到南阳人民的爱戴，人们亲切地称他为"杜母"。

风清日朗的时候，年幼的张衡常常在水排边徘徊，凝神注视那样式新奇的构造……

少年张衡坚信自己将来一定会像杜诗老前辈那样发明更多的东西，为人类造福……

东汉王朝是当时世界上的强国，政治、经济、文化都处于世界领先地位。发达繁荣的经济文化，安定和平的政治局面，为童年时期张衡的学习，提供了一个良好的社会环境。

同其他人一样，张衡在少年时代熟读了《诗》《书》《易》《礼记》《春秋》等儒家经典。但张衡思想开阔，不受传统观念的束缚，他将大量时间花费在他所喜爱的文学上。他对著名文学家如司马相如、扬雄等人的作品心神向往，苦心钻研，不但能够深刻地理解，而且能够背诵如流。

东汉都城洛阳，不仅设有规模宏大的政府图书馆和皇家图书馆，而且还设立了全国最高学府——太学，是全国的文化中心。

年轻的张衡不满足于"闭门坐家中，苦读圣贤书"的生活，他渴望出外游学，多多接触实际，以充实生活和开阔自己的眼界，寻求更多的知识。因此，他在十六七岁时候，便告别了亲人，离开了生他养他的美丽故乡，出外游历，访师求学。

张衡游历的目的不是为了寻求功名，所以他离开家乡以后，并没有先到京师洛阳去，而是出武关，先来到故都长安，游历了三辅地区。

开心e百科

www.kaixin100.net

杜诗

杜诗：河南汲县（今卫辉市）人。光武帝时，为侍御史。建武七年（31），任南阳太守时，创造水排（水力鼓风机），以水力传动机械，使皮制的鼓风囊连续开合，将空气送入冶铁炉，铸造农具，用力少而见效多。

他还主持修治陂池，广开田池，使郡内富庶起来，有"杜母"之称。南阳人称赞说："前有召父（召信臣），后有杜母。"

147

贾逵

贾逵,字景伯。他的父亲贾徽曾向王莽的国师刘歆学习过。贾逵从小就继承了父亲的事业,18岁就能背诵《左氏传》《古文尚书》《毛诗》。除此之外,贾逵还精通天文历法,具有非常渊博的天文学知识。

汉代把京兆尹、左冯翊和右扶风称为"三辅",说白了,"三辅"就是相当于郡的行政区域。

西汉建都长安,三辅则位于长安周围,是当时最繁华的地区,名胜古迹很多,尤以未央宫、长乐宫和建章宫三大建筑群最为引人入胜。这些建筑虽经过西汉末年战争的破坏,但其宏伟的气势仍然依稀可见。

张衡用了两年左右的时间,走遍了坦荡肥沃的渭河平原,观赏了巍峨青翠的终南山、奇险峻峭的华山和雄伟壮丽的宫廷建筑。班固在《两都赋》中对长安的铺张描写,使张衡不止一次称叹。

游历完三辅地区,张衡开始向京师洛阳进发。一路上芳草蔓蔓,群山铺翠流绿,景色极为宜人。

95年(东汉和帝永元七年),他来到了骊山。张衡登临此处,缅想历史,不禁感慨万千。在骊山的北麓有秦始皇陵,陵原高115米,周长达2 000千米,气势雄伟。张衡伫立在秦始皇陵附近,追想着中国历史上第一位封建帝王兼并六国、统一中国的丰功伟绩,也为秦朝因专制暴政而迅速灭亡扼腕长叹。

览罢始皇陵,张衡又来到了驰名天下的温泉,并写了一篇《温泉赋》,歌颂了汤谷的优美,春水的清新,表达了自己热爱祖国山川、热爱生活的心情。

同年,张衡终于到达了他盼望已久的京师洛阳。当时洛阳城内商业盛极一时。许多人都弃农经商,道路上牛车、马车等各种车辆来往穿梭,穿着各异的商人奔忙不止。店铺林立,商品琳琅满目,令人应接不暇。每当佳节,洛阳城内常常举行角抵百戏,非常热闹,张衡对此很感兴趣。

最令张衡振奋的是他来到了当时全国学术中心,

能够亲自聆听著名学者的教诲。他所敬仰的大学问家贾逵也在这里。对于这样一位大学问家，张衡与之神交久矣。由于张衡不是经过郡、县推荐的，所以不能进入太学学习，但张衡并不灰心，他争分夺妙地四处拜访名师，请他们解答疑难问题，然后回到住处苦读。

可是，名师大儒并不是很容易就能见到的，常常碰钉子。张衡并不气馁，能见到的，他就虚心向他们求教，不能见到的，他就到他们的弟子那里讨教。

张衡的家境并不富裕，对他来讲，在京师长时间游学并不是一件容易的事，为此，他付出了艰苦的努力。在寒冷的冬季，北风呼啸，滴水成冰，他仍在读书；在炎热的夏季，蚊虫飞舞，叮咬着他的身躯，他仍在读书。有时，吃了上顿没下顿，饥肠辘辘，他仍在读书。为了求学读书，张衡经受了别人难以忍受的苦痛。

天将要把重大任务落到某人身上，一定先要苦恼他的心意，劳动他的筋骨，饥饿他的肠胃，穷困他的身子。他的每一行为总是不能如意，这样，便可以激发他的心志，坚韧他的性情，增加他的能力。

正是在这样的信念支持下，张衡度过了无数个漫长的春夏秋冬。

功夫不负有心人，通过在洛阳的学习，张衡达到了"通五经，贯六艺"的

开心ⅰ百科
www.kaixin100.net

生于忧患，死于安乐

——《孟子》

舜发于畎亩之中，傅说举于版筑之中，胶鬲举于鱼盐之中，管夷吾举于士，孙叔敖举于海，百里奚举于市。

故天将降大任于斯人也，必先苦其心志，劳其筋骨，饿其体肤，空乏其身，行拂乱其所为，所以动心忍性，曾益其所不能。

人恒过，然后能改；困于心，衡于虑，而后作；征于色，发于声，而后喻。入则无法家拂士，出则无敌国外患者，国恒亡。

然后知生于忧患，而死于安乐也。

地步。五经，是指《诗》《书》《礼》《易》《春秋》；六艺，是指礼、乐、射、御、书、数。而太学里的太学生们到了毕业的时候，也只不过是通一经一艺罢了。

张衡在洛阳的另一个收获是结交了崔瑗、马融、王符、窦章等许多志同道合的朋友。

张衡和这些人常常在一起切磋学问，探讨疑难问题，渐渐有了一些名气，官府也争相征召他出来做官，在张衡面前铺设了一条进入仕途的坦荡大道。

察举是两汉选拔官吏的制度，州、郡、县每年都要向官府推荐若干有才能有学问的人。这些人经过考核，给与一定的官做。张衡当时被荐举本是件很荣幸的事，但张衡没有应召，仍然在京师读书，沉在书山学海之中。

【小松品格】

他像一棵根植于庭院的小松，细细的枝叶化作片片清荫，默默地为人们送来阵阵凉风。张衡就是具有青松品格的青年……

十九岁写《七辩》志向高远

大约在 96 年（东汉和帝永元八年），张衡 19 岁那年，他写了一篇文章。文中假托无为先生的"背世绝俗，祖述列仙"而引起七个人与他进行辩论，所以这篇文章取名《七辩》。

这七个人，一个叫虚然子，劝无为先生住进豪华美丽的宫室，享享清福。第二个叫安世子，劝无为先生听听美妙动听的音乐，怡养天年。第三个叫阙丘子，劝无为先生怀抱佳人，好好享受一下人间

绝色。第四个叫空桐子，劝无为先生穿上美丽的衣服，乘上装饰华美的车子，四处周游一番。第五个叫雕华子，劝无为先生品尝人间美味佳肴，也不枉此生。对于这五个人的建议，无为先生都默然不应。

第六个人叫依卫子，劝无为先生学神仙之道，离开这纷攘泯乱的世界，到世外仙境去过清静无为的生活。这种建议非常合无为先生的心意，他听后很高兴，正准备远走高飞，第七个叫髣无子又有了新的建议……

从这篇文章中，我们可以看到髣无子实际上就是张衡的化身。在他看来，"君子不担心自己的官位不尊崇，却担心自己的品德不高尚；不为自己的俸禄不多而觉得羞愧，却以自己的见识不广博为耻辱。"所以，他学习不限于五经，天文、地理、文学无不兼学。一事不知，深以为耻；了解到一件事情的奥妙，他就会欣喜异常。

这就是张衡，一个勤奋好学、不流习俗、具有远大志向、以为社会做贡献为己任的热血青年。

光阴似箭，日月如梭，不知不觉张衡在外游学已五六年了。这中间，张衡虽也回乡小住过一些时间，但时间实在是太短暂了。如今学业已成，他迫切希望报效家乡的父老。此时，他的心早已随着那南去的燕飞回了故乡。

100年，有一个原来当黄门侍郎（侍从皇帝，传达诏命）叫鲍德的，调到南阳郡去当太守。他仰慕张衡的才华，便多方设法邀请张衡回到南阳郡去帮助他办理郡政。鲍德继承了祖父、父辈的品德，为官正直，气节高尚。能给这位德高望重的人作助手，张衡感到很荣幸，他接受了鲍德的邀请，出任南阳主簿。

主簿的主要任务是起草文书，办理往来文件，不直接处理行政事务。以张衡的才能来担任这项工作，自然

比较清闲，使他得以有时间集中精力进行文学创作。

就在这一年，张衡写了一首诗，名叫《同声歌》。这首诗感情真挚，词采清丽，是一首在内容和形式上都很成熟的五言诗。张衡的五言诗在我国诗歌发展史上占有重要地位，对后世产生了深远的影响。

张衡游学到三辅、洛阳，积累了丰富的资料，开始撰写他的长篇巨著《二京赋》。

张衡对班固的《两都赋》尤为崇拜。但张衡不同意班固赞美西京长安、鄙薄东京洛阳的写法，同时认为班固描写得还不够宏伟，刻画得还不够细致人微，他决心作出一篇从内容和形式上都超过班固的大赋。年仅20多岁的张衡，以前所未有的气魄，敢于向前辈、向名人挑战，这种精神确实可嘉。

张衡写作《二京赋》，整整花了10年的时间。他精心地构思，认真地写作，字字琢磨，句句推敲，达到了废寝忘食的地步。经过艰苦的努力，张衡终于完成了给他带来极高声誉的《二京赋》。

张衡在《二京赋》中除了歌颂东汉帝国的隆盛以外，也指责了官僚们的昏庸腐朽。诗中说，官僚贵族都在压榨老百姓来求得自己的享受快活，但忘记了老百姓会把他们当作仇敌看待；他们不惜竭尽财物来供自己享受，却忘记了老百姓会起来反抗而使他们生忧。水可以载船，也可以覆船啊。

张衡的《二京赋》贯注了自己的思想感情，他的规讽和议论都是切实用力的。《二京赋》奠定了张衡在文学史上的地位，成为汉代的大辞赋家。

"文学青年"理科通

文学创作陶冶情操,毕竟还是次要的,辅佐鲍德治理好南阳,报答故乡的养育之恩,则是张衡始终不变的心愿。

南阳地区河流纵横,水热资源极为丰富,冶铁手工业发达,从春秋开始,就是重要的铁器制造中心。张衡帮助鲍德兴修水利工程,推广铁农具,使南阳经济稳定地发展。当时天下多灾害,很多地方的百姓背井离乡,四处流亡,只有南阳是个例外,老百姓亲切地称鲍德为"神父"。

当时南阳郡的郡学荒废了多年,张衡劝鲍德兴修校舍,让一些有志的青年有学习研讨的地方。当校舍修成的时候,鲍德又邀请当地的老学者参加学校的典礼,设宴款待他们。

老百姓见鲍德这样为他们操劳,对他由衷地佩服和拥戴。张衡为此写了《南阳文学儒林书赞》,赞扬鲍德的善政。其实,在鲍德的许多善政中,也包含着张衡无数的心血。

由于鲍德功绩卓著,108 年(东汉安帝永初二年)鲍德被调入京,任大司农(主管农业,类似现在的农业部长)。

开心○百科

www.kaixin100.net

扬 雄

扬雄,字子云,蜀郡成都人。家里钱财不多,一直过着清贫的生活。他自幼好学,知识渊博高深,然而有口吃的毛病,不善言谈。

在扬雄看来,只有能认识和掌握贯穿天地根本道理的人才能算作儒,因此,他模仿《周易》著《太玄经》,目的就是要把他所认识的关于宇宙的根本原理表现出来。

张衡长期在鲍德手下做事，帮了他很大的忙，此次，如果他随鲍德进京，将来的升迁是不成问题的，但是张衡拒绝了鲍德的盛情邀请。在鲍德前去洛阳赴任的同时，他便离开南阳郡治宛城，回故乡西鄂专心读书去了。此后，开始由对文学的爱好转入对天文、历法的研究，为他以后的诸多发明打下了坚实的基础。

邓太后，和帝的妃子，是光武帝功臣邓禹的孙女，长得容貌出众。她态度谦和，举止有礼，深受当时宫人的赞赏，是历史上有名的贤后。她有个哥哥名叫邓骘（zhì），于108年（东汉安帝永初二年）被封为大将军。他虽然地位显赫，却崇尚节俭，礼贤下士。

张衡为天下通才，邓骘早有所闻，多次征召他。但张衡没有应承，原因有二：一是不管邓氏家族多么贤明，外戚专权毕竟是一种不正常的政治现象。张衡本人不想巴结权贵，为他们装点门面，充饰门庭。二是张衡想做一个切实有学问的人。此时，他正在家乡夜以继日地读书，特别是正潜心钻研西汉末年著名文学家和思想家扬雄的著作《太玄经》。

对于扬雄这样的人，张衡既佩服他的高尚品格，更佩服他的著作《太玄经》，于是在家日夜披览。张衡的好友崔瑗也精通《太玄经》，看罢张衡的来信，由衷地赞同张衡的建议，答应共同为《太玄经》作注。为了共同的志向，两颗年轻的心在相隔遥远的地方共同跳动。经过努力，张衡和崔瑗分别注成了《太玄经》。而两人互相鼓励注《太玄经》的事，更成为当时文坛的佳话。

除了《太玄注》以外，张衡还作了《太玄图》，大概是以形象解释《太玄经》。可惜这两部著作都没有

流传下来，但由此，亦足可以说明《太玄经》对张衡的影响了。

《太玄经》究竟是怎样一本书？何以对张衡产生如此的吸引力呢？

《太玄经》中有很多天文、历法等方面的知识，特别是"浑天说"尤为吸引张衡。但由于写得比较简略，使张衡有一种不满足的感觉，他准备在此基础上做进一步的研究。读书善于吸收别人的精华，并进行创造性的工作，张衡为了我们树立了光辉的榜样。

《周易》在西汉末年已是五经之首，立于官学，并被当时以谶纬为表现形式的封建迷信奉为神书。扬雄敢于模仿《周易》作《太玄经》，把《太玄经》抬高为囊括宇宙、人事之根本大道的著作，是对封建迷信和传统经学的一个有力的挑战。

当时的儒生讥讽扬雄犯了滔天的罪行，不可饶恕。

东汉时代，封建迷信思想甚嚣尘上，达到了无孔不入的地步。张衡却对《太玄经》推崇备至，并进行深入的研究，这在当时更是不同凡响，需要有与众不同的决心和勇气。

在研究《太玄经》的同时，张衡还对《墨经》产生了极大的兴趣。

然而，春秋时期"显学"的墨家思想到汉代已长期无人问津，墨家的科学成果更是受到冷遇。张衡能冲破儒家思想的束缚，致力墨学研究，这在当时需要非凡的胆略。

通过在故乡和郎中任上的多年研究，张衡从文学的百花园中跨入天文、历法、哲学等五光十色的领域。

发 明 浑 天 仪

张衡对我国古代天文学下过很大功夫。他被调入京城，先当了三年的郎中，又当了一年的尚书侍郎，后被任命为太史令。太史令的职务是掌管历法，观测天象等。朝廷有祭祀等典礼，都由太史令拣选所谓"良辰吉日"。认为有什么吉祥的征兆，或者有什么灾异，也都由太史令记录，并且报告皇帝。

他利用这个便利条件对天文、历算进一步进行研究，并对各派学说进行分析比较，认为浑天说比较符合观测的实际。

张衡观测天象的地方叫灵台，坐落在洛阳平昌门南。灵台就是当时的天文台。

这座灵台是 56 年(光武帝建武中元元年)建造的。台高 9 丈，周围 20 丈，占地达 4 400 平方米，有 12 个门，上下两层平台，平台间有坡道相连，气势雄伟壮观。

这里的总领导者是灵台丞，属太史令管辖，上面有候气的、候风的、候日的、候星的等 40 多人，机构庞大，分工细密。但灵台的观象仪器陈旧，年久失修，不能使用。

张衡决定重新修造,特别是好好地重新修造浑天仪,即形象地体现浑天学说的一种重要天文仪器。关于浑天仪,西汉汉武帝时候的落下阕大约是第一个着手制造的人。宣帝时耿寿昌铸铜为象,103 年(东汉和帝永元十五年),贾逵创造了黄道铜仪,也都是浑天仪。

在前辈们的基础上,张衡经过艰苦的研究,首先研究出一个方案,制作出一个小的浑天仪模型,叫做小浑,时间在 116 年(东汉安帝元初三年)。这个模型是用竹子做的。

张衡先把竹子劈削成薄薄的篾片,在篾片上刻上度数,然后该扁的扁,该圆的圆,再用针线穿订起来,从而制成了模型。经过无数次的试验和修改,于 117 年(东汉和帝元初四年),张衡终于用铜铸成了正式的仪器。

浑天仪是个球形的东西,相当于现在的天球仪。有个铁轴贯穿球心,轴的方向就是地球自转的方向。轴和球有两个交点,即天球上的北极和南极。在球的表面排列有二十八宿和其他恒星,球面上还有黄道圈和赤道圈,二者成 24 度夹角,分列有二十四节气。

从冬至点起(古代以冬至作为一年的开始),把圆分成 365 又 1/4 度,每度又细分成 4 个小格。球体外面有两个圆环,一个是地平圈,一个是子午圈。天轴支架在子午圈上,和地平斜交成 36 度,就是说北极高出地平 36 度。这是洛阳地区的北极仰角,也是洛阳地区的地理纬度。天球一半在地平以上,一半隐在地平之下。

为了使浑天仪能够按照时刻自己转动,张衡又把

新星座

至于说星星碰上了"暗虚"就隐而不见了,现在看来这种说法是不正确的。由于星星距离地球极为遥远,又大都是发光的恒星,事实上没有任何一个星星会进入地球的影子之中而失去了光芒——但人能看见,并印在心里……

星云说

1775 年，德国天文学家康德提出了解释太阳系起源的星云说。这种假说认为，太阳系起源于 50 亿年以前的原始星云，并且由于旋转，逐渐形成星云盘。这个星云盘的中心物质不断收缩，形成了太阳，周围的物质，形成了太阳系的其他天体。

浑天仪和一组滴漏壶联系起来。滴漏壶是我们祖先用来测知时刻的仪器。它用一个特制的器皿盛着水，器皿下面有一个小孔，水一滴一滴地流到刻有时刻记号的壶里，可以由壶里水的深浅知道是什么时刻。张衡把滴漏壶和浑天仪联系起来，利用壶中滴出来的水的力量来推动齿轮。齿轮再带动浑天仪运转，通过恰当地选择齿轮的个数和齿数，巧妙地使浑天仪一昼夜转动一周，把天象变化形象地演示出来。

人们在屋中看浑天仪，就可以知道什么星已从东方升起，什么星已至中天，什么星就要向西方下落等。

张衡的浑天仪轰动了整个京城，一时间来观看浑天仪的人络绎不绝。为了印证浑天仪的准确无误，张衡向人们进行了演示。他将人们分成两组，一组在屋内看着仪器，不断地向外报告仪器上所表示的天象情况；一组在屋外观测星空，看是否和屋里仪器所显示的情况相符合。

入夜了，晴朗的夜空繁星点点。不一会儿。屋里的人报告说："月亮正在升起。"接着屋里的人又不断报告：某星已升起；某星已到中天；某星已下落……和外面的天象完全符合。这真是一项了不起的发明，人们纷纷向张衡表示祝贺。

这架浑天仪原来放在东汉的灵台上，一直保存到魏晋时代。西晋末年发生战乱，铜仪被移到长安去。418 年，东晋大将刘裕的军队攻进长安城，获得了这架仪器，当时已残缺不全，此后便不知道下落了。

除此之外，张衡还创制了一种机械日历，叫做"瑞轮蓂荚"。蓂荚是传说中的一种树，每天生 1 个荚，生到第 15 个以后，又每天掉 1 个荚，掉完以后再重

新生长。受此启发，张衡创制了这种仪器。它也是用漏水转动的，和浑象联动。它从每月初一起，每天转出 1 片木叶，到 15 日共转出 15 片，然后每天再转入 1 片，依次减少，到月落为止。因为阴历是和月亮的运行配合的，所以这种仪器不仅可以表示出日期，又能告诉人们月亮的圆缺变化。

夜幕降临了，立在灵台上，望着那闪烁的星空，张衡思绪万千，多年的梦想终于变成了现实。

《灵宪》和《浑天仪图注》

对于天地的奇妙变化景象，人们不禁要问，天地究竟是怎么形成的呢？在我国古代流传着一个激动人心的盘古开天地的故事。

然而，神话代替不了科学。盘古开天地的故事，只不过反映了人们认识自然的强烈愿望。张衡在制成浑天仪以后，经过自己的精心观测，又写出两部在天文学史上占有很高地位的著作：一部是《灵宪》，一部是《浑天仪图注》。他在书中提出了一系列的创见。

他在《灵宪》中，描述了天体的演化过程：在远古时代，无天无地，整个空间一片沉寂，只存在着一种尚未形成的气，看不见，摸不着，无形无象，而这就是宇宙万物发展变化的根本。

张衡称之为"道之根"，这是天体演化的第一个时期，叫做"溟涬"；此后不知过了多长时间，产生了各种不同的物质性的气，互相混合在一起，浑然不分，不

天才是地上炼成的

张衡的假说虽然不能与现代的科学天体演化学说相比，但不能由此抹杀张衡在 1800 多年前对探讨天体演化所作出的贡献……

停地运转，这是第二个时期，称作"庞鸿"，为"道之干"；再以后又不知过了多长时间，这团元气清浊逐渐分开，形成了天地，天地构合精气，生育出万物来，这是第三个时期，叫做"天元"，为"道之实"。

天体到底是怎么形成和演化的，这个复杂而神秘的问题，至今仍没有得到根本解决。

张衡在阐述自己的浑天学说时，明确提出我们所能观测到的空间是有限的，观测不到的地方是无穷无尽的宇宙，明确提出了无限宇宙的思想，这在当时是十分可贵的。

张衡在《灵宪》中清楚地说明月亮本身并不发光，月光是反射的太阳光。他形象地把太阳和月亮比作火和水，火能发光，水能反射光，指出月光的产生是由于日光照射的缘故。

有时看不到月光，是因为太阳光被遮住了。这种见解在当时是十分新鲜和正确的。

张衡还进一步阐述了月食发生的原因。他说："望月的时候，应该能够看到满月，但是有时看不到，这是日光被地球遮住的缘故。"

他把地影遮住的暗处叫做"暗虚"，月亮经过"暗虚"就发生月食，精辟地阐明了月食的原理。

在《灵宪》中，张衡还谈到恒星。他说，常明的星有 124 颗，可明的有 320 颗，在中原地区可以看见的星共有 2 500 颗，在海外能看见的没有计算在内。现代天文学家按星光强弱把星星划分为若干等级，最亮的是一等星，其次是二等星、三等星、四等星、五等星，肉眼能看到的是六等星。三等星以上有 130 颗，和张衡说的常明者基本相符；四等星有 458 个，和张衡说的可明者相差稍大。

我们肉眼所能见到的六等星约 6 000 颗，而在同一时间、同一地方所能见到的星也只不过 2 500 颗左右，张衡所说与现代观测基本相符。

他还注意到行星在运行过程中，有的运行快，有的运行慢，有的有进，有的有退，有的有时还停留不动。张衡对此都作出了近乎科学的解释。

张衡在他的另一部天文著作《浑天仪图注》里，还测定出地球绕太阳一年所需的时间是 365 又 1/4 日，和现代天文学家所测定的时间 365 日 5 时 48 分 46 秒的数字十分接近。

再 造 指 南 车

张衡是天文学家，人们不禁要问，搞天文的他怎么又弄起机械来了呢？事情是这样的：

121 年（东汉安帝延光元年），张衡被免去太史令，转任公车司马令。公车司马令是九卿之一卫尉属下的一个小官，他的职责是保卫皇帝宫殿，通达内外奏章，接受全国官吏和人民的贡献物品，以及接待各地调京人员等，任务十分繁杂。把在科学上卓有成就的张衡调到这样一个职位上，充分说明封建皇帝

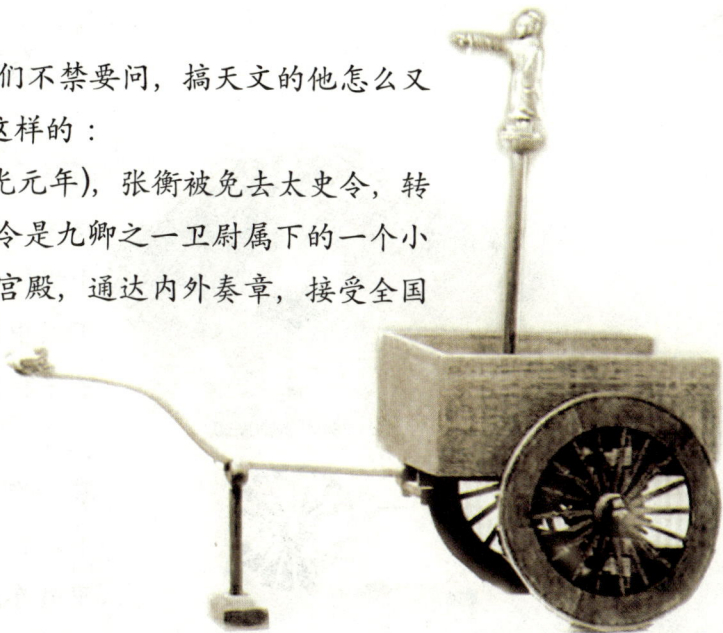

如何不重视科学，压制在学术上有雄心壮志的人，不给他们以充分发挥才能的机会。

然而，就是调到这样一个地方，张衡还是利用一切可能利用的时间和精力，对天文学以外的物理和机械制造进行了刻苦的钻研。

他刚刚任公车司马令不久，就接到安帝要他造指南车的命令。张衡查遍资料，才知道历史上曾经流传有黄帝和周公造指南车的事。

没有资料难不住张衡。经过苦思冥想，反复研究，他终于造出了指南车，使汉安帝兴奋不已。

124 年（东汉安帝延光三年），汉安帝为了宣扬国威，去泰山举行"封禅"大典。汉安帝从洛阳出发，向泰山进发。在浩浩荡荡的乘舆大驾前面是一辆两轮小车，车上高高地站着一个雕刻精致的木人，车子无论朝什么方向行走，木人的手却始终指向南方，这就是张衡研制的指南车。

【记里鼓车】

在指南车后，紧跟着的是一辆两层马车，上层中间有一面大鼓，鼓旁有两个木头人，这两个木头人手握鼓棒，摆出挥棒欲击的架势。下层中间挂一口铜钟，钟两旁也站着手握钟锤的两个木人。车子每行进 1 里光景，上层的木人就自动击鼓一次；车子行完 10 里，下层的木人就自动敲钟一下。这辆车叫记里鼓车。皇帝的侍从就用它来计算

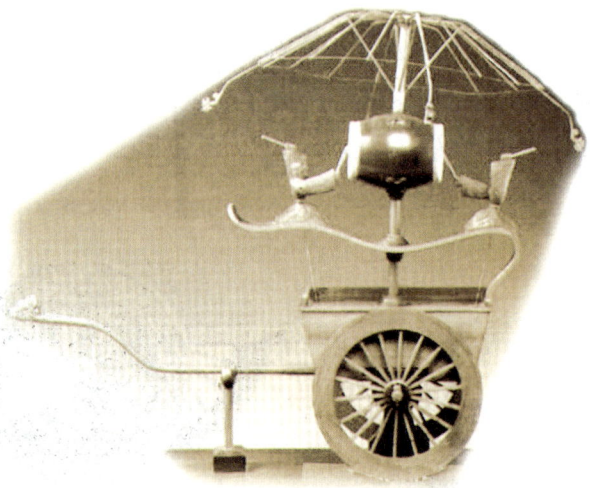

车仗行走的路程。这也是张衡心血的结晶。

指南车的机械原理是利用齿轮的传动作用。在车转动时，前辕随之转动，后辕绳索提落，变换齿轮系的组合，使车上木人保持既定方向。但车轮的旋转要有一定规律，必须是以一个车轮为中心，另一个车轮为半径旋转，才能使木人所指方向不误。记里鼓车与指南车的制作原理相同。

张衡制作的记里鼓车，尤其是指南车，这种巧妙的设计是我国古代机械制造技术上的卓越成就。西方学者对于我国古代这项科技发明给予了高度评价，称赞它是一切控制机械的蓝本之一。

木鸟飞天传说

张衡这两项发明又轰动了京城，人们向他表示祝贺，称他是鲁班再世。但张衡并不以此为满足，他又利用业余时间，秘密地研究出一种木雕的飞鸟。

张衡读过《墨经》。在《墨经》里有一段记载，说祖师爷鲁班制造了一种飞鸟，三天三夜也不下来。这个故事深深地吸引着张衡。人类遨

开心e百科
www.kaixin100.net

《墨经》

《墨经》是墨子弟子及其后学概括发展墨子思想的一部著作。它记录总结了春秋战国时期关于手工业方面的许多知识，提出了古代物理学和数学的许多概念和见解。

《墨经》不仅涉及认识论、逻辑学、经济学等社会科学范畴的广阔内容，还包含有时间、空间、物质结构、力学、光学和几何学等自然科学方面的多种知识，其中有些问题阐述严密，说理透彻，具有十分重要的科学价值，在古典哲学和自然科学著作中是一部不可多得的珍品。

游天空的愿望鼓舞着张衡，他相信木雕飞鸟的记载一定是真的，他要使飞鸟再现人间。

经过辛勤努力，木鸟真的制成了，并且能飞起来。令人遗憾的是，飞鸟的内部结构没有记载下来，我们仅能从古籍中大致推想出张衡所制飞鸟的形状和原理。它的形状像一只展翅欲飞的大雕，下面安着两个轮子，很可能是靠风的力量推动轮子快速旋转，就像现在的螺旋桨的原理一样。

张衡的木鸟只能飞几里远，不能与现代航天水平相比，但它却揭开了人类征服蓝天的序幕。然而，在古代，张衡这些创造发明被视为奇技淫巧，在社会上是不受重视的，他的创造发明也只能博得皇帝的一时欢心。安帝死后，顺帝刘保即位，张衡又回到阔别5年的太史令位子上。

回到太史令的位子上，张衡的心情极为激动。他摸着那巧夺天工的浑天仪，望着那星光灿烂的夜空，两眼里闪烁着晶莹的泪光。

然而，对于张衡的去而复归，不少人惋惜他空有一身才能，也有的人嘲弄他，挖苦他："虽然能使飞鸟上天，自己却官居下品，像他这种人竟然不觉得自己可怜。"

听到这些闲言碎语，张衡的心久久不能平静。他写了一篇长达14 000多字的文章，名叫《应闲》。在这篇文章中，张衡表达了他热爱科学研究的高尚志趣，说他绝不以官职卑小为耻，而以学问不深、知识不广为羞，对

www.flyark.cn

你相信"木鸟飞天"的传说吗？

你认为张衡制作的会飞的木鸟动力是什么？

www.ahnupress.com

那些投机钻营、贪图利禄的世俗小人，张衡嘲笑他们是可怜的癞蛤蟆。

是啊！有心爱的天文仪器做伴，有满天星斗为友，他怎么会感到孤独和可怜呢。远望夜幕下的洛阳城，一个伟大的计划在萌生，一项震撼世界的发明又要降临人间了。

世界上第一架地动仪

地震是一种很普遍的自然现象，但它所造成的灾害，却使人胆战心惊。

早在 2 800 年前，我国就有了关于地震的记载，对于地震这一自然灾害产生的原因，也早就进行了探讨。人们在同地震灾害进行斗争的过程中，积累了许多知识和经验，但在张衡以前，还没有用仪器来观测和记录地震的。

东汉时期，我国地震比较频繁。据史书记载：自92 年（东汉和帝永元四年）到 125 年（东汉安帝延光四年）的 30 多年间，共发生了 26 次比较大的地震，尤其是 119 年（东汉安帝元初六年）发生的两次大地

震。

第一次发生地震时，京师和 42 个郡都受到影响，严重的地方土地陷裂，地下涌出洪水，城廓房屋倒塌，很多人在这场浩劫中死去；第二次发生地震时，波及的范围也有 8 个郡。

由于当时人们缺乏科学知识，对于地震惶恐不安，还以为是神灵在主宰呢。

张衡少年时期，南阳就发生过地震，因此，张衡对地震有不少亲身经历。为了掌握全国各地的地震动态，他经过长期研究，终于在 132 年（东汉顺帝阳嘉元年）发明了世界上第一架测定地震方位的仪器——地动仪。

由于统治者不重视科学，张衡的地动仪后来不知什么时候毁失了，再加上史书记载简略，对张衡地动仪的内部结构，无法详细地知晓。经过古代和近代中外科学家的努力，1959 年，中国历史博物馆展出了王振锋先生复原的张衡地动仪模型，使我们对地动仪的构造有了比较清楚的了解。

张衡的地动仪是用青铜制造的。形状像一只大酒樽，圆径有 8 尺；仪器的顶上有凸起的盖子。仪器的表面刻着篆文、山龟和鸟兽等花纹。仪器的周围镶有 8 条龙，龙头是朝东、南、西、北、东北、东南、西北、西南 8 个方向排列的。每个龙嘴都含着一颗铜球，每个龙头的下面铸着一只蛤蟆。它对准龙嘴，张着嘴巴，像等候吞食食物一样。

它的内部结构则是这样的：在仪器稽形部分的中央，竖立着一根很重的铜柱，铜柱底尖、上大，叫做"都柱"；在"都柱"的四周围连接了 8 根杆子，杆子向四面八方伸出，直接和 8 个龙

开心e百科
www.kaixin100.net

【地震带】

据当今的科学研究表明，地震主要集中分布在两个地带：环太平洋地震带和喜玛拉雅—地中海地震带。

我国地处这两大地震带之间，一部分地区还位于两大地震带上，是一个多地震的国家。

头相衔接。

平时，地震仪平稳地放着，"都柱"也垂直竖立在仪器中央。但因为"都柱"上粗下细，重心高，支面小，像一只倒立的不倒翁，这样就极容易受震动而发生倾倒。

每当地震发生时，仪体受到震动，"都柱"由于受到地震波的影响发生倾倒，倒向地震震动的方向，推动了地震方向的那一组横杆，横杆推开含有铜球的龙嘴，龙嘴吐出铜球，落到蛤蟆张开的大嘴巴中。铜球落到蛤蟆嘴里，发生响亮的声音，人们听到声音，就可检视地动仪，看哪一个方向发生了地震。

这样，一方面可以记录下正确的地震材料，同时，也可以朝着地震的方向，寻找灾区，做一些救援工作。

从历史上的记载来看，张衡的地动仪是颇为灵敏的。133 年 (东汉顺帝阳嘉二年)，京都发生了地震；135 年 (东汉顺帝阳嘉四年)、137 年 (东汉顺帝永和二年)、138 年 (东汉顺帝永和三年)，京都又连续发生了地震，张衡的地动仪都测到了，没有一次失误。

138 年，陇西地区也发生了大地震，地动仪向西北方向的一条龙吐出了铜球，而人们却丝毫没有感觉到地震。洛阳的官僚、学者们议论纷纷，怀疑地动仪是否准确。过了几天，陇西果然来了报告，说那里发生了地震。在事实面前，原来持怀疑态度的人都心服口服了。从洛阳人没有震感的情况来分析，地动仪可以测出的最低震级为 3 级左右。在古代的技术条件下，这是一个十分了不起的成就。从此，我国开始了远距离测量地震的历史。

除了制造地动仪以外，张衡还创造了另一个气象学上的仪器，这就是候风仪。由于没有留下什么记载，我们无从知道张衡的候风仪比前人有什么重大的改进和特殊创

新的地方。

张衡创造地动仪和候风仪时，已经55岁了。他以顽强的毅力、锲而不舍的精神，又登上了新的科学高峰。

以科学反对迷信

张衡创造的地动仪，在国外过了1000多年，直到公元13世纪，古波斯才有类似仪器在马拉哈天文台出现；十八世纪，欧洲才出现利用水银溢流来记录地震的仪器。他制造的候风仪，外国也到12世纪才有。张衡以他超凡的智慧和脚踏实地的精神，为中华文明谱写出了光辉的篇章。

汉武帝"罢黜百家，独尊儒术"后，经学大盛。许多方士化的儒生按照自己的意图附会儒家经典，从而产生许多解经的著作，当时称作"纬书"。据纬书的说法，孔子作了《易》《诗》《书》《礼》《春秋》《乐》以后，又作了一些补充的著作，这就是《易纬》《诗纬》《春秋纬》《乐纬》等。这类纬书和谶一样，都是变相的隐语，可由人们作出各种各样的解释。

当然，谶纬的内容相当复杂，包括天官星历、灾异感应、谣语符命、天文地理、风土人情、自然知识、文字训诂，旁及驱鬼镇邪、神仙方术及神话幻想，可以说是光怪陆离，无奇不有。

西汉末年，外戚王莽出于篡夺汉朝政权的政治需要，有意利用谶纬制造舆论，证明自己该当皇帝。当了皇帝以后，王莽仍然不放心，为了进一步替自己宣传，他派五威将军王奇等12人，颁布符命42篇于天下，大讲自己做皇帝是出于天意。经过这样一次全国性的大规模的宣传，这些观念深深地印入了人们的心中。

王莽末年，反对王莽统治的斗争风起云涌，各派势力利用谶纬作为自己争夺天下的根据。汉光武帝刘秀当时也不例外，并且在他即位以后，宣布图谶于天下，谶

纬成了书生们做官晋升的敲门砖，谁不精通谶纬，谁就做不了大官。

刘秀以后的东汉诸帝，大抵继承了他们的祖宗迷信谶纬的传统，一切事情都要靠谶纬来决定。

由于统治者的提倡，东汉时候出现了不重经而重谶纬的社会风气。它污染了儒家经典，更严重地阻碍了科学的发展。

123年（东汉安帝延光二年），就在张衡任公车司马令期间，东汉朝廷就改历问题进行了一场大辩论。

西汉的历法曾经过几次改变。西汉初年沿用秦朝的颛顼历。但由于颛顼历存在着许多缺陷，到汉武帝刘彻时，比较符合天象的新历——太初历制定了出来，并于前104年正式实行。以后，又改太初历为三统历。东汉初期，三统历又改为四分历。

四分历在当时是比较精密的历法，但也有一些与天象不合的地方，于是又产生了改历的议论。不少人主张利用"图谶之学"来修改历法，张衡则和另一位天文学家周兴据理力争，同他们进行激烈的辩论。在张衡看来，历法只能按照自然界的本来面目来编订，而不能任凭主观推测加以歪曲或增减。经过据理力争，反对派被驳倒，比较精密的四分历才得以继续使用。

张衡也反对用"图谶之学"作为太学考试的内容。当时在太学里，儒生们要学习图谶，只有精通图谶，才能走上顺利做官的道路。张衡用考察历史事实的方法，来证明图谶绝非圣人所作，既无效验，也不足凭信。

133年（东汉顺帝阳嘉二年），张衡又上《驳图谶疏》，直接要求汉顺帝用行政命令的方法禁止图谶。他尖锐地指出："西汉初年没有图谶，图谶是到西汉后期才有的，怎能说是圣人所作的呢？"

【谶 纬】

谶纬，是两汉时期流行的宗教迷信。谶，即预言。

古人喜欢作预言，也最爱信预言。纬与谶在含义上实际上并没有什么大的区别，如果一定要加以区别的话，就是谶是先起的名字，纬是后起的名字。

他又说："有些人喜欢谈论图谶，正好像不会绘画的人不愿意画狗和马，只爱画鬼，因为鬼没有人看见过，可以由他乱画，谁也指不出他的错处，而狗和马是大家常见的，画得不像是不行的。"

张衡的言论切中要害，又极富讽刺性。

东汉时代，谶纬被奉为国典，许多反对谶纬的人都没有得到好下场。桓谭是坚决反对谶纬的，他看到"中兴之主"光武帝和王莽一样信谶，便上疏表示反对。光武帝很宠幸桓谭，看了他的上疏以后，虽然很不高兴，但也没有治他的罪。

后来，光武帝建造灵台，准备用图谶来决定建造的地点。他征求桓谭的意见，没想到桓谭却认为这与儒家经典不合。光武帝听罢勃然大怒，要将桓谭处死。幸亏桓谭回头求饶，直到磕得头破血流，光武帝才免他一死，但桓谭却被赶出了朝廷，贬为六安郡守。当时他已经70多岁了，由于心绪不佳，在赴任的路上便死掉了。

由上看来，反对谶纬在当时要冒很大的风险，有时要被杀头；张衡当时上疏反对谶纬，需要多么大的勇气和胆量啊！

当然，作为一名科学家，张衡反对谶纬还是有很大的局限性的。如汉顺帝时，鉴于举孝廉的种种流弊，左雄提出了限年考试的方法。这个办法得到了认真的执行，但也难免会出现一些弊病，为此，张衡提出异议，并且认为由于考试不当，导致了地震等自然灾害的出现。

看来，他对当时流行的阳阴五行说法，采取了一定的保留态度。他所以反对谶纬，一方面是反对谶纬的胡乱解释，另一方面认为谶纬是一些鄙俗的言辞，不应登大雅之堂，更不应将它与神圣的儒家学说相提并论。

不畏权贵忧国家

张衡并非一味沉浸在学术的天地里，同其他爱国官吏一样，在政治上，他热切地希望东汉朝廷能够进行一些改革，改变当时腐败的政局。

从和帝开始的几代皇帝，年纪都很小，只好由太后把持政权。皇帝长大以后，太后仍不把政权交给皇帝，皇帝为了夺回政权，便依靠宦官铲除外戚势力。这样，外戚和宦官为了争夺政权，展开了你死我活的斗争。少帝死后，在宦官的支持下，刘保当上了皇帝，这就是汉顺帝。当时，他年仅 11 岁，政权基本掌握在宦官手中。

面对这种不正常的政治现象，张衡早就心怀不满。在担任太史令的时候，他曾上《陈事疏》，希望汉顺帝整顿吏治，精选人才，加强礼制，铲除宦官，掌握实权。后来，张衡又向汉顺帝上《驳图谶疏》，汉顺帝虽然不懂这些道理，但觉得张衡很忠诚，就没有怪罪张衡的一些激烈言辞，相反，将他提升为侍中。

侍中为九卿之一少府的高级属员，奉侍皇帝左右，有向皇帝说话的权力。然而，由于宦官们的排挤和诽谤，张衡的愿望没有能够实现。

一次，汉顺帝问张衡最可恨的是什么人。张衡还没有回答，站在旁边的宦官，知道张衡对他们的胡作非为

非常不满，害怕张衡向汉顺帝说起他们的罪恶，就都用眼睛瞪着张衡。在宦官们的压力下，张衡没能说出自己心中的话便匆匆退出。

在政治上不能有任何建树的情况下，张衡便上书汉顺帝，要求辞去侍中，到当时的最高学术机关东观专门从事著述。为了使皇帝批准，张衡上书之后，又列举了十多条司马迁和班固在史书中所叙与事实不同的地方，强调这些错误如果不纠正修改，会使后人受害。

张衡想到东观著述由来已久，在他辞去南阳主簿的职务在家乡潜心读书的时候，他的老乡仆射刘珍奉命校定五经、诸子、传记、百家等书时，就曾上书推荐张衡一起参加此事，但没有被批准。张衡由太史令转为公车司马令的时候，也曾上书大将军邓骘，申请到东观去著书。由于有人告发邓氏谋反，邓绝食而死。张衡的上书也就如泥牛入海，音信皆无。这次，他抱着最后一线希望，希望汉顺帝答应他的请求。然而，他的希望又破灭了。

在侍中任上，张衡还著有《周官训诂》，对周朝官职制度作了详细的解说，可惜没有流传下来。根据其好友崔瑗的评论，这部书没有什么新颖独到的地方，价值不大。后来，张衡又想补缀孔子编订的易说象象，因政事忙碌，没能完成。

这时，政治上的不如意，学术上也没有取得任何大的成就，使张衡心情忧郁，于135年（东汉顺帝阳嘉四年），写出了著名的《思玄赋》，赋的大意是："苍天大地无穷无尽，我的命运为什么这样不强，但是要让我改变志向与小人同流合污，那就像过河无舟一样，是办不到的。违背心愿，取媚权贵，这样的事我是绝对办不来的。"表达了他不与恶势力妥协的决心。

　　由于张衡不畏权贵，宦官们便合起伙来，想把他排挤出京城，他们不断在皇帝面前说张衡的坏话。136 年（东汉顺帝永和元年），顺帝听信谗言，决定调张衡出任河间相。

　　清晨，张衡踏上了东去河间的路程。回首望着在此生活了 20 多个春秋的第二故乡，张衡不觉涕泪成行。

　　河间在现在河北省东南部，包括现在的河北雄县及大清河以南，南运河以西，京阳、肃宁以东，交河、阜城以北的地区。章帝的儿子刘开就分封在这里。刘开死后，刘政嗣继王位。

　　张衡到任以后，亲自到各地察访，把一些为非作歹的人抓起来，清理了一批冤狱，因而受到人们的称颂。

　　然而，由于东汉统治者对劳动人民的残酷剥削压榨，尤其是对少数民族的残酷掠夺，不断激起人民的反抗，仅在张衡任河间相的第二年，南方就相继爆发了 4 次反抗东汉王朝统治的斗争。庞大的东汉帝国已经度过了它昭丽中天的灿烂时代，开始走向衰亡。

　　面对每况愈下的国情，张衡心里悲愤万状，于 137 年（东汉顺帝永和二年）写下了著名的《四愁诗》。全诗分四章，各章的结构相同，张衡采用民歌重叠的手法，反复咏叹，写得凄清委婉，真切动人。同时，这首诗从内容和形式上都是一首比较完整的七言诗，在七言诗的发展史上占有重要地位。

　　在这首诗中，张衡把美人比作君子，把珍宝比作仁义，把冰雪纷纷比作小人，寄托自己报国无门、伤时忧世的思想感情。

　　美好的愿望不能实现，内心的苦闷越积越深，张衡又接连写出了《骷髅赋》《家赋》和《归田赋》等著名的作品，尽情地抒发自己的忧虑情绪，其中以《归田赋》最为有名。赋的大意是：

长年在京都做官，却没有高明的策略辅佐君王；世道太幽暗了，我空有美好的愿望。于是我离开这纷乱的世界，到那美丽的世外田园尽情地享乐歌唱。在那美好的春季，天气和暖清畅；草木郁郁繁茂，百花竞相开放。那鱼鹰振起翅膀，上下飞翔；那可爱的黄莺张开歌喉，哩哩地歌唱。我又来到山间，射飞禽走兽，到清澈的河流旁垂钓。直到太阳西坠，明月高照，我仍未感到一丝的疲劳。于是我回到茅屋，弹起那美妙的五弦琴，心满意足，歌咏圣人的图书，挥笔著述。超然物外，我早已忘记了人间的荣辱……

《归田赋》表达了张衡准备退出政界，归隐田园，逃避那黑暗现实的思想。

汉赋，向以铺陈排比，模拟堆砌为能事，大都晦涩难懂，张衡从前创作的《二京赋》也有这缺点。而这篇《归田赋》，已没有《二京赋》那样的气势，再也不是对皇家建筑的瑰丽和皇帝出巡的壮伟加以歌颂了，而是尽情地抒发自己的苦闷情绪，文辞清丽委婉，抒情气息极浓，对东汉后期抒情小赋的发展起了巨大的推动作用，成为赋发展史上承前启后的代表作。

月球上的名字

下决心归隐田园的张衡，就在这一年冬天上书汉顺帝，要求告老还乡。然而，张衡归隐田园的愿望没有实现，不久，张衡又被召回京师。面对皇帝的征召，想起

那壮丽的帝都，繁华的街道，热闹的市场，张衡心里不知是激动还是失望……

回到京城以后，张衡担任了尚书的职务。尚书是朝廷里帮助皇帝处理政务的高级官员，有相当的实权。然而，几经沉浮的张衡，似乎早已看透了时世，对当时的黑暗现实，早已悲观失望，上任不久便病倒了。

139 年 (东汉顺帝永和四年)，一代文化巨人便在失望中与世长辞了，享年 62 岁。

张衡除了在文学、天文、机械制造方面有杰出的贡献以外，在数学和绘画等领域也颇有建树。

据记载，张衡有数学专著，叫做《算罔论》，可惜早已失传。祖冲之儿子祖暅在用巧妙的方法解决了球体积的计算问题以后，曾得意忘形地嘲笑张衡。由此我们知道张衡在《算罔论》中还探索过球体积的计算问题。他的算法可能有错误，祖暅正是从张衡等人的错误中受到启发，才创立了"祖暅定律"。

从《灵宪》的一些数据中，我们还能推算出张衡使用的圆周率为 3.1466，虽然误差比较大，但是他的贡献是非常大的。祖冲之在圆周率上所取得的成就，正是在继承了张衡等前人成果的基础上取得的。

张衡对地理学也很有研究，他曾画过一幅地形图，到唐朝时还存在，以后就下落不明了。据推测：张衡的地形图，不但标画出全国主要山川的地理位置，而且形象地展现了各地的地理风俗。这幅画不仅在地理学上有重要价值，也使张衡居东汉六大画家之首位。在绘画上，除了地形图以外，张衡还有不少其他作品。

据载，他特别善画怪兽，并且流传下来一个动人的故事：在张衡家乡附近蒲山的一个水潭里，有一种怪

☆世界之星☆

张衡不仅是我国人民的骄傲，而且引起了世界人民的仰慕和怀念。1970年，国际上用张衡的名字命名月球背面的一个环形山；1977年，又把太阳系中一个编号为"1802"的小行星命名为"张衡星"。

张衡的名字越出了国境，他为中国赢得了荣誉和世界的尊敬。

创造·发现

兽，名叫骇神，头像人，身子像鱼，样子非常可怕，鬼见了都害怕。这种怪兽常常爬到水边石头上玩耍。

张衡知道以后，就带着纸笔来到水潭边，想把这种怪兽的样子画下来。但是，他刚想提笔描绘的时候，怪兽就跳进水中不出来了。后来，张衡听人说，这种怪兽虽不怕人，但很怕人把它的形态画下来，所以人一画它，它就钻进水中。

于是张衡又一次来到水边，这次他什么都没带。正赶上怪兽在石上，张衡两手相拱，身子不动，暗暗地用脚趾在地上画下了这个怪兽的尊容。从此以后，人们就把这个水潭叫作画兽潭。从这件事中，我们可以看出张衡高超的绘画技巧。

张衡之所以能在这些领域取得如此重大的成就，成为我国封建社会罕见的全才，是因为他刻苦钻研，注重实践，善于接受前人遗产而又不为传统束缚，既有实事求是的科学态度，又有敢想敢做的创造精神。他那坚韧不拔的毅力，不同流合污的高尚品质，忧国忧民的爱国主义精神，为时人和后人所敬仰。

他去世以后，老百姓为失去这样一个父母官而悲痛，朝廷也为失去这样一位良臣而惋惜。他的好友崔瑗更是悲痛欲绝，亲自为张衡撰写了碑文和铭辞，对张衡在文学和科学上的重大成就给予了高度的评价。

以后，历代文人墨客纷纷来到张衡的故乡南阳西鄂凭吊张衡，这是人民对张衡的崇高评价。

升华自然

在化学、生物、医药学等领域，中国古代存不存在近现代理论意义上的自然科学？其实，责疑者对现代科学发祥地的欧美同样可以如此设问。

中国古代术士从炼丹的实践活动中得到了可靠的化学知识，从医药实践中积累了反映自然客观规律的经验，把种种"科学实验"升华为具有不断纠错和更新能力的古代"实验科学"。

方士的炼丹术

炼丹术"成仙升天"是古代社会的升华梦想。术士们企图用普通药物制出可以使人长生不老的药物。炼丹过程中发生爆炸，无数术士的牺牲为后人发明火药铺平了道路，炼丹术也造就了一批古代意义上的实验科学家。

我国是炼丹术出现最早的国家，其历史渊源可以追溯到战国至秦汉之际。

秦始皇曾派人去海上求"仙人不死之药"，到了汉武帝时，就让一些术士（又叫方士）们在宫廷里从事炼丹，他们不仅炼药还炼金（即伪金）。

东汉以后，炼丹术进一步的发展起来，并与道教相结合，又披上了一层神秘的宗教外衣，还写了许多著作。

他们认为人若长生不死，就是仙人。如入仙境，就会"与天地相毕（和天地一样长寿），与日月同辉，坐见万里，役使鬼神（神鬼都能听他使唤），举家升虚，无翼而飞，乘云驾龙，上下太清（能在太空中行走），漏刻之间，周游八极。"真是说玄了，这些就是炼丹术士们指导思想的核心。

炼丹术士们把他们对仙境的玄想和具体的物质性质结合起来，从而寻找炼丹的原料。

于是，水银、硫黄、氧化汞、硫化汞、氧化砷（砒霜）、硫化砷（雄黄和雌黄）、硝酸钾、硫酸铝钾（明矾）等有毒的、易燃的、容易升华的、容易发生化学变化的物质，都被他们收集起来，做着五花八门的实验。

他们求长生不老不死之丹，这是肯定走不通的一条死路，并有不少人吃了含汞含砷的毒丹而荒唐地送了性命。

但在实验的广泛实践活动中，他们也弄清楚了各种物质的性质，及其相互间的反应和转变的关系，积累了丰富的化学知识和经验，并制出了许多自然界没有的新物质，也正巧地碰到某些丹药能意外地治好人或动物的某些病。

这些知识，绝大部分都是在炼丹术士们在丹房里，也就是在他们的化学实验室里得到的。

炼丹必然会发生化学变化，炼丹家们也曾对此提出过一些"化学"理论，其中"五行说""阴阳说"是他们心目中主要的"化学理论"。不过，这些"理论"在本质上都不是化学的，而是牵强附会，不伦不类地强加到那些真实的化学反应上去的臆言乱语。

【中药丹方】

中医药中的丹，是能治病的，它是中医药中剂型之一，这和前面所说的"丹"，不能相提并论。

能给人治病的丹，被中医学家们接受下来，并根据中医药学的实践和改进，才能够流传至今，它已没有过去那种神秘的色彩和使命了。

"实验科学"

炼丹的实践活动，得到了可靠的化学知识，我们绝不会因为它们的出现神秘而加以否定。反映客观事实的东西，才是具有永久的生命力的，这就是我们认识古代科学时应持有的态度。

为此，我们也不能全盘否定我国古代的炼丹家，至少在他们的炼丹活动中，其探索精神、牺牲精神和某些实践的成果，是我们应该接受的。

《神农本草经》之"卤碱"

炼丹术与化学、冶金学和药物学都有很大关系。说起化学和冶金，汉代的炼丹士在炼丹实践中曾有过很多发现。

几乎所有的金属都有氢氧化物，金属的氢氧化物，在化学上都叫作碱，它是无机化合物中一个重要的物种，叫作碱类。

我国远古时代，人们在生活和生产实践中，早就使用碱性物质来进行一些特殊的反应了，如给陶瓷制品上釉，配料时多用生石灰，跟瓷土调成浆后，实为氧化钙的生石灰会跟水反应生成氢氧化钙，干后烧成时，氢氧化钙在高温下分解为氧化钙的同时，就跟瓷土中的二氧化硅反应生成熔点较低的硅酸钙，它冷后便形成光滑不透水的釉。

我国古人用碱虽早，而认识碱较晚。大概在东汉末代，约为200年，已有一本叫作《神农本草经》的书上，就写有一种名为"卤碱"的药物。但时隔300多年后，南北朝时的大药物家陶弘景，还不知道它是什么。

又过了1000多年，明朝的大药物学家李时珍才解释说，由盐碱土浸出的汁液，经熬浓析盐后，冷下来卤水中会出现凝结如石的东西，就是卤碱。

碱 jiǎn

碱字在我国古代有多种写法，从字的偏旁可知，它是出于卤、土，而状如石的物质，近年来才统一用"碱"字表示，它的内容也由原来泛指碱性物质改为专指化学上的碱了。

根据现在推测，它可能是氯化钠、碳酸钙等。

豆腐是怎样炼成的

　　豆腐是中国的一项小发明还是大发明？跟科技的四大发明相比，也许太小，如果说"小见伟大"的话，在于离老百姓的生活更贴近些，在于"小而久远"。

　　　　　　传说刘邦的孙子，淮南王刘安（前 179—前 122）在安徽淮南八公山珍珠泉炼丹。没炼成长生不老的仙丹，却创造了豆腐。作为炼丹炉里的副产品，豆腐虽不至于产生使生命不朽的神奇效果，但成为流传至今的、具有永恒价值的美食。

　　刘安讲求黄老之术，在淮南朝夕修炼。陪伴他的僧道常年吃素，为了改善生活，就悉心研制了鲜美的豆腐，并把他献给刘安享用。刘安一尝，果然好吃，下令大量制作。这样，豆腐的发明权就记在淮南王的名下了。

　　为什么说豆腐是"炼成"的？豆腐的制作过程，将大豆磨碎、榨浆，上锅灶蒸煮，直至添加石膏，或用青盐点卤，使豆浆凝固，太像一次化学实验。有人比喻为石髓，即石头的骨髓，倒挺形象的。

　　虽然一般传统上，以及宋朝（960 — 1279）学

在西欧直到 1754 年，由英国化学家布拉克通过实验，探明了温和碱、苛性碱和二氧化碳的关系，但他仍然没有弄清这两种碱的化学成分。

　　甚至当时化学大师还把苛性碱当成金属氧化物，他就是英国化学家拉瓦锡。他的根据是这些物质都有跟酸能反应的化学性质，既然其中的某些物质和氧化汞(当时另有一个名称)会分解成汞和氧气，那么其他物质虽然当时无法能够分解，也必然是含有一种金属和氧了。

者们如朱熹等皆将豆腐及豆浆的发明归功于西汉淮南王刘安，但在《淮南子》（由刘安挂名编译）中却没有提到豆腐一事。而后来试图根据墓室浮雕与出土文物为本，以说明豆腐在汉朝时就已经存在者仍旧令人难以完全信服。

最早记载做豆腐的文献是李时珍（1518—1593）所著《本草纲目》。

现代历史学家认为刘安时期的豆腐，一如现代的豆腐，是以海水或者盐卤凝结制成，后者即是中文所谓的卤水。根据学者刘克顺（1999）的研究，刘安制作豆腐的过程与今日本质上是一样的："基本上，大豆经过浸渍、洗净、磨碎，然后所生浆料经过滤生成生豆浆。在其加热前加入混凝剂，形成凝乳团。凝乳最后经过压沥分离乳清形成豆腐。"

还有人称其为甘脂，也很浪漫。唐代诗人白居易这样赞美杨贵妃："温泉水滑洗凝脂。"

时空隧道

【淮王丹井】

据《中国文化名城寿县》记载，淝水之战之后，淮南王庙又易名为谢公祠、涌泉庵。庵东侧岩石下有一古井，石壁上刻有"淮王丹井"四字，这便是刘安与八公炼丹用水之处。

1965年4月，在古城寿县茶庵乡瓦房村汉墓中出土一灰陶水磨，现收藏在寿县城博物馆。该磨与现代八公山下豆腐坊用的水磨形状基本相同。从出土的文物来看，豆腐发明于汉代的时间、地点是可以确信无疑的了。

佛教徒，不近女色，不食荤腥，但对豆腐怜爱有加。豆腐为素食主义者送来了福音。素斋里，常用特制的豆腐皮加工成素鸡、素鸭、素火腿等种种名称叛逆的豆制品。看来光有腐竹还不够；豆制的竹林下，还养起了诸多豆制的家禽、家畜……门户兴旺。或者说个笑话：此乃豆腐的仿生学，或超级模仿秀。

若没有豆腐的发明，中国菜少了许多精彩的节目：麻婆豆腐、芙蓉豆腐、砂锅豆腐、泥鳅豆腐、小葱拌豆腐，乃至鲫鱼豆腐汤……每一道菜几乎都可以讲出一段故事。太多，太长……

以豆腐为主题，还有一系列衍生产品，如豆腐脑、豆腐干、豆腐乳、油炸豆腐泡——大故事下面还套着无数的小故事。甚至连臭豆腐，中国人也嗜之如命，为其辩护："闻起来臭，但吃起来香。"

【豆腐东渡】

"中国是豆腐的'师傅之国'"。提起中国豆腐，日本人如是说。

1963 年，中国佛教协会代表团到日本奈良参加鉴真和尚逝世 1 200 周年纪念活动，当时，日本许多从事豆制品业的头面人物也参加了。据说，他们之所以参加纪念活动，是为了感谢鉴真东渡时把豆腐的制法带到日本。

引人注目的是，这些参加者手里都提着装满各种豆制品的布袋，布袋上还写着"唐传豆腐干，淮南堂制"字样。

时空隧道

王莽剖尸和中医解剖学

《汉书·王莽传》记载王莽使太医尚方与巧屠共同解剖尸体："翟义党王孙庆捕得，莽使太医尚方与巧屠共刳剥之，量度五藏，以竹筵导其脉，知所终始，云可以治病。"

史学家班固特笔记此事是为了彰显王莽之恶，表现他的残忍，活生生地解剖了一位"复汉"的志士，但却无意中保存了"中医解剖学"的事实。

唐代颜师古注此条说：以知血脉之原，则尽攻疗之道也。这是正确的理解，说明其人体解剖除了政治目的外，也有为了医学研究的目的。

由此推想，汉代医师以前已有解剖尸体的实验，否则恐不能一步便跳跃到活人解剖的阶段。这说明那个时代的医学家确实一直在认真地追求关于人体内部构造的知识，他们当时并非毫无根据地把阴阳、五行、六气之类的观念和人身的经脉加以比附。

【中医溯源】 《王莽传》的解剖实例至少使我们知道，早期的中医研究经脉也曾经有过"实证"的程序。

张仲景弃官潜心医学

　　张仲景，又名张机，东汉医学家。南阳郡涅阳（河南南阳）人。张仲景生活的年代大约是在东汉桓帝和平元年至献帝建安二十四年（150—219）。

　　张仲景出生在一个较富裕的家庭里，从小就勤奋好学。当他从史书中看到扁鹊见蔡桓公的故事时，对扁鹊一望人的气色便知道人的疾病，能诊断人的生死，很受感动。因此他对医学发生了兴趣，读了很多医书。

　　汉桓帝刘志时期，宦官、外戚专权，豪强割据，互相混战，人民生活极为痛苦，社会遭到极大的破坏。在战乱连年、充满了饥荒、瘟疫和死亡的岁月里，他深感百姓只听信巫书，不留心医药是不对的。他认为医学是利人利己的事，对人可以治病，对自己可以保生，于是决心学习医术。

　　在张仲景的家乡，有一个老医生叫张伯祖，医术很精湛。一天，邻村一位农民得了伤寒病。请张仲景前去诊冶，用药已二天，仍不见好转迹象。正在张仲景没有办法可施的时候，恰巧张伯祖出诊归来，张仲景便前去请教。

　　他向张伯祖介绍了病人的情况后，两人前去给病人会诊，经过治疗，病人很快就好了。

张仲景见了，心中十分佩服，便问："老伯的医道真高，从哪里学来的？"

张伯祖笑着说："我行医这么多年，经验也没有什么可说的，只是悟出一个道理，那就是，要想成为一个医生，必须勤求古训，博采众方。"

"勤求古训，博采众方！"张仲景恍然大悟。于是拜张伯祖为师，精心研究医学。从此后，师徒两人白天为群众治病，夜晚师父向他传授医术。

冬去春来，不知不觉地三年过去了，张仲景在老师的指导下，读完了《内经》《难经》《胎庐药录》等书籍。他平时处处留心观察，另外，又搜集了许多民间治病的验方。

张伯祖看张仲景这样勤奋好学，心里非常满意，便把自己的医学知识和医术全部都传授给了他。

张仲景在向张伯祖的学习过程中，也结合临床实践掌握了许多医术，为他后来从事医学研究打下了坚实的基础。

张仲景在东汉灵帝刘宏时，被推举为孝廉，到汉献帝建安中期，当上了长沙太守。当时官场上争权夺利，互相残杀和倾轧，使他不愿在官场上角逐，于是，辞了官，潜心从事医学研究。

开始时，他从史书中看到，汉朝以前有长桑、扁鹊等不少名医，但以后，还没有一个在医学上有成就的人。

他认为当时的医生，不去研究医理，只是按照祖传下来的老一套方法去给人治病，这种"按寸不及尺，握手不及足"的治疗方法，是很难给人治好病的。于是，他继承了前人优秀成果，精心研究医理，把理论和实践

结合起来了。他很快就成为了家乡的名医。但他仍然勤奋好学，从不满足，只要听说哪里有医术高明的人，不管距离有多远，都要前去登门求教。

这一年，张仲景的弟弟要出门做生意，临行前他找到哥哥说："我这次要出远门，你给我看一看，日后有没有大病。"

张仲景给弟弟把了一会脉，说道："明年你要生搭背疮！"见弟弟害怕了，张仲景摆摆手笑着说："不要怕，我给你开副药带着，到时候把药吃了，这疮就会移到屁股上去的，就不会有大碍的。到那时，再找人治，如果有人医得好，记着：赶快给我带信来，因为他必定是名医，我要登门求教。"

张仲景的弟弟来到湖北襄阳的第二年，有一天，果然他的搭背疮发作，他连忙照着哥哥开的处方，抓了副药吃下。

没几天，屁股上果然生出了疮。他求遍襄阳郎中，不是说瘤子的，就是说毒疮的，都不知道。

后来同济堂里有个名医"王神仙"来了后说："这哪是什么瘤子、毒疮嘛，这分明是搭背疮！"当下，开了药，并贴上膏药，没过多久，疮就好了，他赶忙给哥哥写了信。

张仲景接到书信，知道弟弟在襄阳遇上了名医，而且一定有高明之处值得自己学习，便立刻打点行装，奔赴襄阳而去。

《伤寒杂病论》传世

张仲景生活的东汉后期，在豪门大族的统治下，人祸天灾，连年不断，疾疫到处流行，加之巫术横行，很多人被疾病夺去生命。

面对这种悲惨凄痛的景象，张仲景便"博采众方"，精心钻研，奔波于患者之间，为人治病，积累了许多经验。他把前人留下来的医理，细心地加以研究并和自己的经验结合起来，反复在实践中验证，最后终于写出了一部有名的著作《伤寒杂病论》。

他认为伤寒是一切热病的总名称，也就是一切因为外感而引起的疾病，都可以叫作"伤寒"。

张仲景不仅在长期的实践中，加深了对医理的研究，并且在多年的临床诊断中，摸索出一套诊断和治疗的方法。

在诊断病情时，先是检查病人的身体，观察病人的气色，听听病人的声音，然后再问问病人的症状，再去检查一下病人的脉搏，从以上这些综合的检查中，他总结出一个阴、阳、表、里、寒、热、虚、实的"辩证论治"方法。

他在治病时，都是根据这些理论来治疗和用药的。他在一生治疗实践过程中，总结出四种治疗方法，叫作"汗、吐、下、和"。

汗法，就是使病人出汗来排除病人体中的病毒的方法；吐法，就是让病人呕吐，把积聚在胸腹内部的毒物

吐出来；下法，就是使病人排泻，把肠胃中病毒排出体外；和法，就是用药物来和解病人体内的病毒。

张仲景认为治疗要根据病人的具体情况，不能够乱来。不需要出汗的病，强让出汗，就会造成因"津液"枯竭而死；应该出汗的不使人出汗，就要毛孔闭塞，也会发生危险。不该泻的使之泻，就会把人泻坏；应该泻的不泻，也会使人致死。多种治疗方法都是一样，要使用得当。

他认为治疗方法不是一成不变的，需要医生根据实际情况去运用。他还认为可以"寒用热治"，"热用寒治"，既可以"先表后里"，也可以"先里后表"，这种治疗方法的常例和变例，就是要靠医生在治疗时，根据实际情况灵活运用。

张仲景在一生的治疗实践中，总结出许多医学理论和治疗方法，《伤寒杂病论》就是这研究和实践的产物。在这部书中，对病理、诊断、治疗以至用药，都有比较细致的论述，是一部比较完整的中医学著作。

张仲景今天留下来的著作《伤寒杂病论》和《金匮要略》，据说是经过晋代名医王叔和整理过，以后到宋代又经过林亿等校刊后印出来的。《金匮要略》是论述杂病部分的，内容有研究病因、病机、疾病分类的诊断，包括了内、外、妇产各科。

张仲景的《伤寒杂病论》，给中医的内科学打下了基础。由于它汇集了不少药方，集汉以前医学的大成，保存了前人治疗疾病的经验，对祖国的医学是一个很大的贡献。今天中医中有许多方剂，都是从张仲景的方剂变化而来的。

张仲景的著作很多，除了《伤寒杂病论》外，还有

时空隧道

张仲景的医学论述和验方，很受后世医生的重视。比他稍晚一点的华佗，看了他的《伤寒杂病论》后，不禁感慨地说："这真是一部活人的书呀！"

唐代的孙思邈，也非常赞赏他，据他说，当时江南的一些名医，都保存了张仲景的不少秘方。

《辨伤寒》十卷，《评病要方》一卷，《疗妇人方》二卷，《五脏论》一卷，《口齿论》一卷等，可惜都没有保存下来。

张仲景到中年时候，医道更加高明，治好了无数疑难杂症，于是名声大振，人称"医圣"。关于他精湛的医术，流传着许多故事。

东汉时有个文学家叫王粲，当时只有 20 多岁。第一次张仲景看见他时，就对他说："你现在已经患了病，应该早一点治疗，否则，过一时期，眉毛就要脱落，而且还有生命危险。现在服五石汤去治疗，还不算晚。"

可是王粲听了不以为然，并且很不愉快地走开了。过了一段时间，张仲景又见着了王粲，便问他："吃药了没有？"王粲回答说已经吃药了。

张仲景听了后，摇了摇头，又对王粲说："看你的气色，不像已经服过药的样子，你为什么讳疾忌医呢？难道对自己的生命就这样轻视？"

可是王粲仍是不在乎，还认为自己很健康，用不着服药，又辞别了张仲景。又过了一段时间，王粲的眉毛果然脱落了，过半年便死去了。

张仲景一生都在为人治病，不断探索和总结治疗的方法，救活了无数的病人，留下了许多验方，后世医家称之为"医圣"。